"创新设计思维"
数字媒体与艺术设计类
新形态丛书

Ps

U0121845

Photoshop
UI设计基础教程 移|动|学|习|版

互联网＋数字艺术教育研究院 策划

黎珂位 代广红 李析 主编

人民邮电出版社
北 京

图书在版编目（CIP）数据

Photoshop UI设计基础教程：移动学习版 / 黎珂位，代广红，李析主编. -- 北京：人民邮电出版社，2023.4
（"创新设计思维"数字媒体与艺术设计类新形态丛书）
ISBN 978-7-115-61087-4

Ⅰ. ①P… Ⅱ. ①黎… ②代… ③李… Ⅲ. ①图像处理软件－程序设计－教材 Ⅳ. ①TP391.413

中国国家版本馆CIP数据核字(2023)第038783号

内 容 提 要

本书以 Photoshop 2022 为蓝本，首先介绍 UI 设计的基础知识和基本规范，接着详细讲解 Photoshop 在 UI 设计中的应用，最后将 Photoshop 的操作与 UI 设计实战案例相结合，对全书知识进行综合应用。

为了便于读者更好地学习本书内容，本书提供了"疑难解答""技能提升""提示""设计素养"等小栏目来辅助学习，并且在操作步骤和部分案例旁附有对应的二维码，读者可以扫描二维码观看操作步骤的视频演示以及案例的高清效果。

本书不仅可以作为高等院校数字媒体艺术、数字媒体技术、视觉传达设计等专业的 UI 设计课程教材，也可以供 UI 设计初学者自学，还可以作为相关行业工作人员的学习和参考用书。

◆ 主　　编　黎珂位　代广红　李　析
　　责任编辑　韦雅雪
　　责任印制　王　郁　陈　犇
◆ 人民邮电出版社出版发行　　北京市丰台区成寿寺路 11 号
　　邮编　100164　电子邮件　315@ptpress.com.cn
　　网址　https://www.ptpress.com.cn
　　三河市祥达印刷包装有限公司印刷
◆ 开本：787×1092　1/16
　　印张：14　　　　　　　　　　2023 年 4 月第 1 版
　　字数：356 千字　　　　　　　2023 年 4 月河北第 1 次印刷

定价：59.80 元

读者服务热线：(010)81055256　印装质量热线：(010)81055316
反盗版热线：(010)81055315
广告经营许可证：京东市监广登字 20170147 号

前言 PREFACE

随着UI设计行业的快速发展，市场对UI设计师的需求量越来越大。Photoshop是UI设计的常用软件，很多院校都开设了用Photoshop进行UI设计的相关课程，但目前市场上很多教材的教学结构、所使用的软件版本等已不能满足当前的教学需求。鉴于此，我们认真总结了教材编写经验，用2~3年的时间深入调研各类院校对教材的需求，组织一批具有丰富教学经验和实践经验的优秀作者编写了本书，以帮助各类院校快速培养优秀的UI设计技能型人才。

本书特色

本书以设计案例带动知识点的方式，全面讲解UI设计基础知识和Photoshop相关操作，其特色可以归纳为以下5点。

● 精选UI设计基础知识，轻松迈入UI设计制作门槛　本书先介绍UI设计的概念、常见类型和基本原则等基础知识，再进一步介绍构图、布局、文字、色彩与风格等设计要点，最后讲解UI设计在不同设备和不同平台的设计规范，让读者对UI设计有基本的了解。

● 课堂案例+软件功能介绍，掌握Photoshop UI设计　UI基础知识讲解完成后，开始讲解Photoshop与UI设计的关系，以此引入Photoshop基础知识。然后通过课堂案例讲解Photoshop在UI设计中的应用，并且充分考虑了案例的商业性和知识点的实用性，以加强读者的学习兴趣，提升读者对知识点的理解与应用。课堂案例讲解完成后，再详细讲解Photoshop的重要知识点，包括工具、命令、图层、蒙版和通道等，让读者进一步掌握使用Photoshop进行UI设计的方法。

● 课堂实训+课后练习，巩固并强化Photoshop操作技能　每章正文内容讲解完后，通过课堂实训和课后练习进一步巩固并提升读者使用Photoshop进行UI设计的操作技能。其中，课堂实训提供了完整的实训背景、实训思路，帮助读者梳理和分析实训操作，再通过操作提示给出关键步骤，让读者进行同步训练；课后练习则进一步训练了读者的独立操作能力。

● 设计思维+技能提升+素养培养，培养高素质专业型人才　在设计思维方面，本书不管在课堂案例还是课堂实训中，都融入了设计需求和思路，并且通过"设计素养"小栏目体现了设计标准、设计理念、设计思维。另外，本书还通过"技能提升"小栏目，以多种表现形式进行了设计思维的拓展与能力的提升。在素养培养方面则在案例中结合了传统文化、创新思维、爱国情怀、艺术创作、文化自信、工匠精神、环保节能、职业素养等，引发读者的思考和共鸣，培养读者的能力与素质。

● 真实商业案例设计，提升综合应用与专业技能　最后一章通过多个典型的UI设计商业案例，综合运用Photoshop进行UI设计，旨在提升读者的实际应用与专业能力。

本书的参考学时为48学时，其中讲授环节为22学时，实训环节为26学时。各章的参考学时可参见下表。

章序	课程内容	学时分配	
		讲授学时	实训学时
第1章	UI设计基础	2学时	2学时
第2章	Photoshop基础	3学时	3学时
第3章	绘制界面图形	3学时	4学时
第4章	调整界面色彩	3学时	4学时
第5章	合成界面图像	3学时	3学时
第6章	添加界面特效	4学时	4学时
第7章	切片与输出界面	3学时	3学时
第8章	综合案例	1学时	3学时
学时总计		22学时	26学时

 配套资源

本书提供立体化教学资源，教师可登录人邮教育社区（www.ryjiaoyu.com），在本书页面中进行下载。本书的配套资源主要包括以下6个方面。

 + + + + +

视频资源　　素材与效果文件　　拓展案例　　模拟试题库　　PPT和教案　　拓展资源

● 视频资源　在讲解与Photoshop UI设计相关的操作以及展示案例效果时均配套了相应的视频，读者可扫描相应的二维码进行在线学习，也可以扫描下图二维码关注"人邮云课"公众号，输入校验码"61087"，将本书视频"加入"手机上的移动学习平台，利用碎片时间轻松学。

● 素材与效果文件　提供书中案例涉及的素材与效果文件。

● 拓展案例　提供拓展案例（本书最后一页）涉及的素材与效果文件，便于读者进行练习和自我提高。

● 模拟试题库　提供丰富的与Photoshop UI设计相关的试题，读者可自由组合出不同的试卷进行测试。另外，本书还提供了两套完整的模拟试题，以便读者测试和练习。

● PPT和教案　提供PPT和教案，辅助教师顺利开展教学工作。

● 拓展资源　提供图片、文本、Photoshop模板等素材，以及Photoshop使用技巧等文档。

编者
2023 年 1 月

目录 CONTENTS

第3章 绘制界面图形

第4章 调整界面色彩

第8章　综合案例

第 **1** 章

UI设计基础

随着互联网的飞速发展，各类智能电子产品层出不穷，UI设计需求持续上升。企业为了带给用户良好的使用体验，对UI设计的要求也越来越高，UI设计正朝着更人性化、简洁化和美观化的方向发展。要成为一名合格的UI设计从业人员，应了解UI设计相关知识，学习UI设计要点和规范，遵守UI设计基本原则，提升自身的UI设计水平，这样才能制作出符合大众市场需求的设计作品。

📖 学习目标

◎ 了解UI设计的概念、常见类型和基本原则

◎ 掌握UI设计要点

◎ 掌握UI设计规范

✛ 素养目标

◎ 培养对UI设计行业的热情

◎ 培养UI设计思维

❂ 案例展示

策划"水果淘淘"App UI设计方案

认识UI设计

UI设计凭借美观的视觉效果、人性化的交互设计和舒适的用户体验得到了很多用户的认可，越来越多的企业开始重视UI设计，也吸引着越来越多的人进入UI设计行业。UI设计的从业者应该熟悉UI设计的相关知识，掌握UI设计类型和原则。

1.1.1 UI设计的概念

UI是User Interface（用户界面）的缩写。UI设计是指对产品界面的人机交互、操作逻辑和界面美观的整体设计，包括界面设计、交互设计和用户体验设计3个方面。

- 界面设计：界面设计是指对产品的界面进行设计，它是UI设计的重要部分。优秀的界面设计能够吸引用户的注意力，让用户有继续浏览界面剩余内容的兴趣。
- 交互设计：交互设计是指对产品界面的操作流程、结构和规范等进行设计，让用户操作界面的方式更加简洁、便利，使产品界面的总体交互流程规范化。
- 用户体验设计：用户体验设计是指以用户为核心，贯穿于整个设计流程，采用调研的方式挖掘用户的真实需求，认识用户真实期望、内心心理及行为逻辑的设计过程。

图1-1所示为"形色"App部分界面展示图。从界面设计来看，该App界面的主题色是浅绿色，各个界面的颜色统一、效果雅致；从交互设计来看，通过各界面中的图文内容超链接和按钮，用户可以在各个界面之间跳转，并且引导用户了解App的各个功能，学习界面内展示的知识；从用户体验设计来看，统一的色调、美观的界面图像和规整的布局能够第一时间吸引用户注意，各个界面的按钮也能让用户了解App的功能。

图1-1 "形色"App部分界面展示图

1.1.2　UI 设计的常见类型

UI设计的应用领域广泛，各应用领域对应不同的设计类型，常见的类型包括图标设计、App界面设计、软件界面设计、网页界面设计和游戏界面设计等。

1. 图标设计

图标（又称icon）广义上是指具有高度浓缩、快速传递信息、便于记忆等特征的图形符号，应用范围广泛，如各种软硬电子设备、网页、社交场所和公共场合等中。图1-2所示为应用于公共场所的图标。狭义上的图标是指运用于计算机软件方面的图标，包括程序标识、数据标识、命令选择标识、切换开关标识和状态指示标识等。图1-3所示为手机App图标和计算机软件界面中的图标。

图1-2　应用于公共场所的图标

图 1-3　手机 App 图标和计算机软件界面中的图标

图标设计是指将某些真实、幻想或抽象动机、实体活动制作成图形符号的过程。它是UI设计的重要部分，是成功进行交互设计和用户体验设计的关键一环。优秀的图标设计不但能使用户看到美观的图像，还能使其看到图标背后的含义。

图标设计根据使用场景的不同可划分为应用程序图标和系统图标。应用程序图标是指应用在计算机或手机桌面的应用程序的浓缩标识，其通常也代表用户对该应用程序的第一印象，如图1-4所示；系统图标是指应用于软件、网站和App内的，对软件、网站和App功能的浓缩标识，如图1-5所示。

图 1-4　应用程序图标

图 1-5　系统图标

设计人员进行图标设计时，应遵循以下4个原则。

- 设计准确：包括表意准确和造型准确两个方面，表意准确是指图标的形象能准确传达信息，造型准确是指图标的宽高尺寸应设定为整数。
- 视觉统一：保持基本造型、风格表现和节奏平衡上的统一。
- 简洁美观：图形简洁，不需要太多装饰物。
- 愉悦美好：赋予图标适当的情感或添加交互动效。

2. App界面设计

App是Application（应用程序）的简称，一般是指在手机中安装的第三方应用程序。App界面设计可以将整个App由抽象的概念落实到现实中。图1-6所示为"淘宝"App的不同界面展示效果，用户可通过"首页"界面浏览推荐物品和进入其他界面，通过"我的淘宝"界面浏览账号相关内容，通过"领淘金币"界面参加App内的领淘金币活动。

图1-6 "淘宝"App的不同界面展示效果

（1）App界面结构

App界面一般由状态栏、导航栏、内容区域和标签栏组成，如图1-7所示，每个区域放置对应的内容。

- 状态栏：位于界面顶端，用于显示手机当前运营商、信号和电量等信息。
- 导航栏：位置不固定，用于告知用户当前所处的页面，也提供切换到其他界面的功能。
- 内容区域：占比面积最大的区域，用于放置该界面的主要内容。
- 标签栏：用于切换界面中的显示内容。

（2）常见的App界面类型

App界面因作用、需求和环境的不同，可分为不同类型，如闪屏页、引导页、首页、个人中心页和注册/登录页等常见类型，每种类型还可以根据内容继续细分，设计人员在设计时应把握页面的实际使用需求，灵活选择类型。

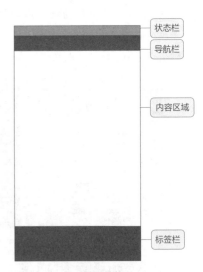

图1-7 App界面结构

- 闪屏页：闪屏页又称为启动页，它是用户单击App图标后出现的第一个页面，出现时间通常只有1s，能在极短的时间内抓住用户的视线，如图1-8所示。闪屏页根据呈现的内容又可以分为：①品牌宣传型，常用结构为软件Logo＋软件名称＋广告语；②活动推广型，常用结构为插画（占70%的面积）＋活动主题＋活动时间，或者只用全屏海报；③节日关怀型，常用结构为软件Logo＋节日插画。

● 引导页：引导页是用户第一次使用或更新App后，出现的由3~5页图片组成的界面，用于帮助用户快速了解App的主要价值、功能或更新后新增加的内容，起到引导作用，如图1-9所示。引导页根据呈现的内容可以分为功能介绍型、情感代入型和搞笑型。

● 首页：首页又称为起始页，它是用户开始正式使用App的第一页，如图1-10所示。首页根据呈现的内容可分为列表型、网格型、图标型、卡片型和综合型。

图1-8　闪屏页　　　　　图1-9　引导页　　　　　图1-10　首页

● 个人中心页：个人中心页又称"我的"界面，它是承载用户个人资料的界面，主要由用户头像和用户信息组成，如图1-11所示。

● 空白页：空白页是由于网络问题产生的错误提示页面，如图1-12所示。

● 注册/登录页：注册/登录页是App的必备页面，用于注册或登录个人账户，以此成为App正式用户，使用App的主要功能，如图1-13所示。

图1-11　个人中心页　　　　图1-12　空白页　　　　图1-13　注册/登录页

3. 软件界面设计

软件是为了某种特定功能开发的位于计算机上的工具。软件界面设计主要是指针对该软件的不同界面功能进行界面、交互和用户体验设计。设计人员在进行软件界面设计时，应统一不同界面的风格，在不同界面中保留相同的元素，使界面彼此相互关联。图1-14所示为某数据平台软件界面，图表化的界面内容在方便用户浏览的同时，也减少了界面文字量，美化了视觉效果。

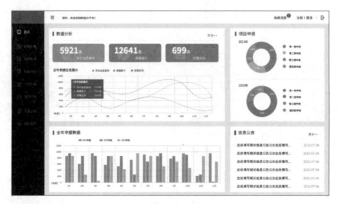

图1-14 某数据平台软件界面

（1）软件界面结构

软件界面通常都由导航、命令栏和内容等部分组成，如图1-15所示。

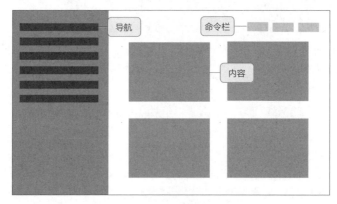

图1-15 软件界面结构

- 导航：导航可为用户提供切换到其他界面的功能，使用户明确页面位置和层级。常见的导航模式有左侧导航和顶部导航，当导航项目或者应用程序超过5个页面时，常使用左侧导航。左侧导航通常可以折叠，而顶部导航是始终可见的。

- 命令栏：命令栏可为用户提供快速使用软件、访问其他界面等功能，可以配合导航使用，通常放置在界面的顶部或底部。

- 内容：内容用于展示该界面的主要内容，根据不同的内容可划分为不同的界面类型。

（2）常见的软件界面类型

软件界面有启动页、着陆页、聚合页、详情信息页和表单页等常见类型。

- 启动页：启动页是用户单击软件图标后，等待软件程序启动时的界面，比App闪屏页的出现时间更长，部分软件的启动页采用极简风格，如图1-16所示。

- 着陆页：着陆页是用户打开软件后的第1个页面，主要用于展示用户想要浏览或使用的内容，如图1-17所示。

图1-16 启动页

图1-17 着陆页

- 聚合页：聚合页是由用户浏览内容或数据组组成的页面，以图像或以多媒体为主的聚合页适合网格型排版，以文字或数据组为主的聚合页适合列表型排版，如图1-18所示。
- 详情信息页：详情信息页承载聚合页中所含信息的进一步详细信息，当用户单击聚合页中的内容视图时，跳转到详情信息页便可浏览更加详细的信息，如图1-19所示。

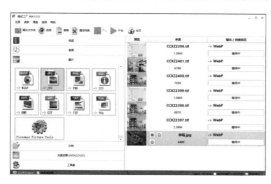

图1-18 聚合页

图1-19 详情信息页

- 表单页：表单页常用于放置软件设置、账户创建、反馈中心等内容。

4．网页界面设计

网站是在因特网上根据一定的规则，使用相关工具制作的用于展示特定内容相关网页的集合。网页界面设计是指根据集合内容和不同使用需求对网站页面进行规划和美化等。网页界面设计相较于App和软件界面设计，可以实现更加丰富、生动的效果。

（1）网页界面结构

网页界面主要由页头、内容和页尾3个部分组成，如图1-20所示。

- 页头：页头主要包含网站标识和导航等内容。
- 内容：内容主要包括Banner和网页主题相关信息。
- 页尾：页尾主要包含版权声明和导航等内容。

（2）常见的网页界面类型

网页界面有首页、列表页、详情页、专题页、控制台页和表单页等常见类型。

- 首页：首页又称为主页，它是用户访问网站时出现的第一个界面，也是用户了解该网站内容的第一步。首页内容主要包含主题图像区、介绍信息区和用户登录/

图1-20 网页界面结构

注册区等区域，如图1-21所示。

- 列表页：列表页又称list页，它用于整合网站信息，方便用户查看信息并进行对应的操作，如图1-22所示。

图1-21　品牌设计网站首页

图1-22　教师网站列表页

- 详情页：详情页是用于展示产品详细信息的页面。
- 专题页：专题页是针对某一特定主题制作的页面，包含丰富的信息，设计要求较高。
- 控制台页：控制台页是集合网站数据，并用图形、数字和文案等方式展示相应数据信息，将数据一目了然地呈现给用户的页面。
- 表单页：表单页是用于实现登录、注册、下单和评论等功能的页面。表单页的结构较简单，但要有逻辑，以便快速引导用户完成各项操作。

5. 游戏界面设计

游戏界面设计又称游戏UI，它主要用于设计游戏画面内容，将必要的信息合理化地搁置在游戏界面上，以便用户操作，如图1-23所示。

游戏界面设计是影响用户对游戏好感度的重要部分，富有感染力的游戏画面、舒适的操作流程及较好的交互体验都是让用户对游戏产生认同感的重要因素。优秀的游戏界面设计不但要求界面美观，还要方便用户操作。

图1-23　游戏界面

（1）游戏界面结构

游戏界面结构可根据用户对不同区域的注意程度划分为主要视觉区域、次要视觉区域和弱视区域，如图1-24所示。

- 主要视觉区域：主要视觉区域是用于展示当前游戏状态的区域。
- 次要视觉区域：次要视觉区域是用于放置用户操作游戏按钮的区域。
- 弱视区域：弱视区域是用于放置导航功能或不太常用功能的区域。

图1-24 游戏界面结构

（2）常见游戏界面类型

游戏界面有启动界面、主菜单界面、关卡界面、操作界面、提示界面和商店界面等常见类型。

- 启动界面：启动界面是用户首次打开游戏时显示的界面，如图1-25所示。
- 主菜单界面：主菜单界面是用户查看游戏信息、进行游戏设置及查询使用帮助的界面。
- 关卡界面：关卡界面是显示游戏进度的界面，是进入操作界面的必经之路，如图1-26所示。

图1-25 启动界面

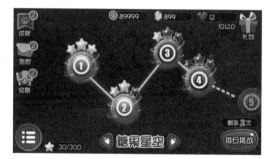

图1-26 关卡界面

- 操作界面：操作界面是用户控制游戏角色来操作游戏的界面，一般由游戏画面、角色信息、时间提示和操作按钮组成。
- 提示界面：提示界面是弹出提示信息的界面，也可以是提示游戏胜利与否的界面，如图1-27所示。
- 商店界面：商店界面是购买游戏道具的界面，如图1-28所示。

图1-27 提示界面

图1-28 商店界面

1.1.3 UI 设计的基本原则

优秀的UI设计不但起着吸引用户注意力，增加用户数量的作用，还能宣传其中蕴含的文化及想要传达给用户的信息。为了制作出优秀的UI设计作品，设计人员应在遵守UI设计基本原则的前提下，发挥创意，开拓思路。

1. 适用性

适用性是衡量UI设计作品能否符合用户需求的标准，可分为功能的适用性和尺寸的适用性两个方面，这是由UI设计的核心决定的（UI设计以用户为核心，服务于用户，给用户良好的使用体验）。

● 功能的适用性：UI设计最终会落实到用户的使用上，因此要能满足用户的某个功能需要。功能的适用性可以从实际功能的适用性和审美功能的适用性两个方面来评判，实际功能的适用性是尽量采用简洁、符合日常生活习惯的操作界面，让用户轻松、快捷地使用；审美功能的适用性是在满足实际功能适用性的基础上，给用户带来美的感受。

● 尺寸的适用性：UI设计显示效果受到不同设备、不同系统的影响会展示不同尺寸的画面，如图1-29所示。设计人员在进行UI设计时要注意尺寸的适用性，尽量使UI设计作品能在多种设备、多种系统上使用，减少工作量。

图1-29 UI设计在不同设备、不同系统的显示效果示例

2. 适配性

适配性是指设计的风格要与UI功能适配，也就是对界面风格的打造既要形成自己独特的个性，又要与定位相符合，符合目标用户群体的喜好。例如，购物网站常以暖色系烘托热闹购物的氛围，自拍网站常以马卡龙色系烘托青春的氛围。

3. 统一性

UI不是单独的一件作品，而是由多个界面组成的一套作品。为了让作品看起来整齐有序、有逻辑、有关联，UI设计需要遵循统一性原则，如图1-30所示。界面设计要遵循统一性原则，设计者可以使用相同的字体、色彩、风格等元素保持统一和协调。描述界面内容时，界面中的功能也要和描述的内容一致，避免用不同的词汇描述同一个功能；进行交互设计时，交互行为也需要统一。例如，在不同界面中，按钮的位置和按钮中的文字都要一致。

图1-30 同一网站不同界面设计中的统一性原则

4. 层级性

层级性是指UI设计内容要层次分明，重点信息突出显示，具有逻辑性，方便用户区分内容的重要程度。具有层级性的UI设计会使用户形成清晰的操作认知，避免用户操作错误，还能加深用户对产品的使用印象。图1-31所示为华为消费者业务官网首页，重点展示华为新研发的HarmonyOS 3系统，其次展示广告语，然后展示操作按钮，用户可以单击按钮跳转到其他界面继续浏览。

图1-31 华为消费者业务官网首页

5. 引导性

引导性是指在UI设计中减少用户的使用障碍，使用具有引导性的文字、图标或图像对用户进行操作引导，使用户按照预期设想使用该产品。因为一款产品会随着时代或者内容的更新换代而不断更新或完善，所以为了不让用户对新版本的使用产生迷惑，避免反复学习操作，在进行UI设计时需要做好用户指引，并且指引应该简单易懂、生动有趣、突出要点。

随着UI设计的不断发展，UI设计趋势也由极简化的显示效果变得愈加丰富，更强调视觉感受，追求界面的细腻程度。图1-32所示为当前市场较为主流和前沿的UI设计效果，结合本节知识，调查并分析未来UI设计的发展方向。

高清彩图

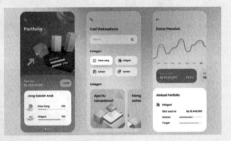

图1-32　UI设计效果

1.2

UI设计要点

初步认识UI设计后，设计人员还需要掌握包括构图、布局、文字、色彩和风格等UI设计要点，在后续制作中融合这些要点，以提升UI设计作品的美观度。

1.2.1　构图

构图可以称为UI设计的骨架，它为UI设计作品的视觉效果奠定基础，也决定了视觉效果能否吸引用户的目光。构图就是在有限的空间里，合理地布局所需的各种元素，使各种元素所处的位置产生较为优越的视觉效果。因此，在进行UI设计时，要先预想好作品中各元素的位置，再动手制作。

不同构图方式带来的视觉效果不同，设计人员应根据不同构图方式的特点结合实际需求进行选择。

- 九宫格构图：九宫格构图又称井字构图，它是将画面等分为9个方格，用所处中心方格4个角上的任意一个点充当主体元素的位置，如图1-33所示。

- 中心构图：中心构图是将主体元素放在界面的中心位置，形成视觉焦点，再使用其他元素装饰和呼应内容。这种构图方式能够将核心内容直观地展示给用户，使内容更有层级性，如图1-34所示。
- 三角形构图：三角形构图是使画面中各种元素的位置形成一个稳定的三角形，一般图像位于三角形上方，文字内容位于三角形下方。这种自上而下的构图方式可以把信息层级罗列清楚，方便用户浏览。
- 对角线构图：对角线构图是将画面元素放置在画面的对角线上，使画面富有极强的动感，引导用户的视线从水平变成斜线，如图1-35所示。

图1-33 九宫格构图   图1-34 中心构图   图1-35 对角线构图

- S形构图：S形构图是使画面上的各种元素呈S形曲线分布，引导用户视线沿着S形纵向移动，使画面富有韵律感和生动性，如图1-36所示。
- F形构图：F形构图是使图像与文字构成F形，以图像为主，两侧文字为辅，通常用于具有Banner或图文搭配的页面中，如网站专题页、网站首页等，如图1-37所示。
- 相似构图：相似构图是指先将某一方面（如形状、运动、方向和颜色）相似的各部分组成整体后，再进行构图，适用于内容较多的界面，如图1-38所示。

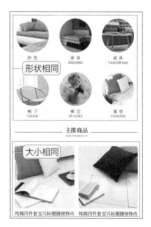

图1-36 S形构图   图1-37 F形构图   图1-38 相似构图

1.2.2 布局

布局是在保持构图的基础上，对界面中的文字、图形或按钮等进行排版，使用户浏览界面信息时具有条理性、层级性，帮助用户快速定位所需信息的位置。设计人员学习布局的相关知识可从界面版率、布局原则、布局技巧和布局类型等方面进行，然后在实际制作中举一反三，灵活运用。

1. 界面版率

界面版率是指界面版面的利用率，即界面内容占画面的比例，不同的界面版率呈现出的视觉效果有所差异，界面版率越高，视觉效果越丰富；界面版率越低，则越容易给用户呈现宁静、典雅的视觉感受。设计界面时，要根据网站定位和实际内容的多少，选择合适的版面率。

图1-39所示为高界面版率和低界面版率展示图。其中黄色部分为界面内容，当界面内容占满全部画面即为满版；界面中没有内容即为空版。

图1-39　高界面版率和低界面版率展示图

2. 布局原则

掌握布局原则可以帮助设计人员制作更加合理的界面，使界面内容井然有序，方便用户查看需要的信息，并且提升交互性和信息传递率，带来更好的用户体验。

（1）对齐原则

遵循对齐原则进行布局可避免界面内容杂乱排列，使界面布局具有规律性和整洁性，给用户良好的视觉观感，提升界面设计的格调。常用的对齐方式有齐行、居左和居中3种，如图1-40所示，分别适用于不同的场景。

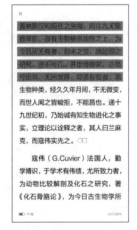

图1-40　界面设计中的齐行、居左和居中对齐

- 齐行：适用于比较长的文字，如详情页中的文字。
- 居左：常用的对齐方式，能够区分主次文字层次，常用于App设计中的信息列表展示。
- 居中：适用于排版较短的文字，可以平衡画面，常用于信息流动的文字展示。

（2）间距原则

利用间距可以有效区分主要内容和次要内容，突出重点内容，使界面中各元素之间有足够的间距，避免拥挤，还应尽量保持界面上下、左右的间距一致，让界面看起来舒适、规整。在以文字为主的阅读类软件界面设计中，内容的左右间距通常较宽。

此外，元素之间的间距还会对元素之间的联系产生影响，如间距较小的元素在视觉上可被划分为一组，关系上更近；间距较大的元素在视觉上更加独立，自成一组，关系较为疏远。设计人员可利用此原则划分界面内容，如图1-41所示。

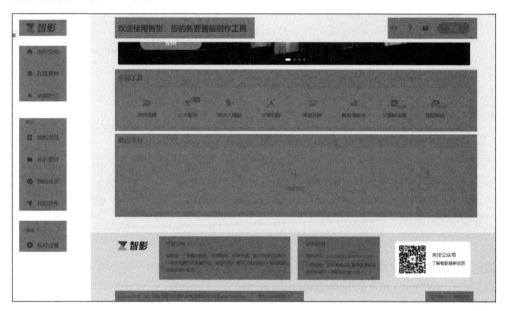

图1-41 利用间距原则划分界面内容

（3）层次原则

遵循层次原则对界面内容进行规划，让用户视线集中在主要目标上，可以方便用户找到重点、兴趣点内容，吸引用户继续浏览界面。常用的区分层次的方法有以下5种。

- 大小对比区分：通过重点内容占有面积大于次要内容占有面积的对比，或者重点元素的尺寸与次要元素尺寸的对比来突出重点。图1-42所示为通过文字元素的大小来区分当前天气信息、空气质量和其他时间段天气信息等信息层级。
- 冷暖色区分：设计人员可以用暖色凸显重点内容或重要按钮，如图1-43所示，也可以通过冷暖色来区分界面背景和内容。
- 明暗对比区分：根据透明度可以区分当前内容的可操作性和不可操作性。
- 视线规划区分：利用人的视觉规律来规划界面内容，如根据从左到右、从上至下观看内容的视觉顺序，设计人员可以将常用、重要内容放置在第一眼视线落点处。
- 中心引导区分：把想要传达的内容放置在界面中心可以迅速将内容传达给用户，如图1-44所示。

重点内容

次要内容

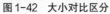
图1-42　大小对比区分

图1-43　冷暖色区分

图1-44　中心引导区分

3. 布局技巧

在设定好界面版率、遵守布局原则的基础上，运用一些布局技巧可以提升界面视觉效果的吸引力。

（1）大面积的留白

留白较多的极简主义风格是当前常见的界面设计手法，大面积的留白可以使界面视觉效果更精简，更有格调，如图1-45所示。而且在素材图像背景杂乱时，设计人员可将需要的主体图像抠取出来，摒弃杂乱的背景部分，以便更好地反映图像特性和突出重点。

（2）展示图像的部分内容

图像内容较为平庸时，可采用局部提取的方式，将图像放大展示，使原定图像区域内只保留部分图像进行

图1-45　留白

展示。这样在营造神秘感的同时，又与用户进行互动，使用户浏览到该图像时会在脑海中联想剩余部分的图像，如图1-46所示。

（3）突破分割区域界限

常用的分割区域布局方式可使界面内容的分布整齐、干净，但可能稍显死板、无趣，因此可在界面内容较少的情况下，将重点元素大胆地突破分割区域界限进行摆放，这样既增加了界面的层次感和冲击感，又凸显主题，如图1-47所示。

图1-46　提取图像的局部进行展示

超出圆形界限

图1-47　突破分割区域界限

4. 常见布局类型

掌握常见的布局类型可以提升制作效率，根据不同类型的特征合理选择符合需求的布局类型。

- 竖排列表布局：是App界面设计常用的布局方式，也是为了能在手机屏幕大小受限的情况下展示更多内容，列表长度可以往下无限延伸，不受内容多少的限制，用户只需上下滑动手机屏幕即可查看更多信息。该布局方式常用在功能页和个人信息页中，如图1-48所示。
- 横排方块布局：与竖排列表布局相反，横排方块布局是通过横向展示各种并列元素，左右滑动手机屏幕或单击界面两侧的左右箭头来查看内容的布局方式，也是功能页和分类页的常用布局方式，如图1-49所示。
- 大图展示布局：是界面主要内容为图像的一种布局方式，常用于引导页和网站首页，对主体图像的美观度要求比较高，如图1-50所示。
- 标签布局：常以标签的形式来区分文字内容，适合以文字为主的界面，常用于搜索页和分类页，如图1-51所示。

图1-48　竖排列表布局　　　图1-49　横排方块布局　　　图1-50　大图展示布局　　　图1-51　标签布局

- 弹出框布局：弹出框是对当前页面内容的一种补充，一般属于次要窗口。为了节省屏幕空间，在用户需要时单击相应按钮，弹出框会出现在界面的顶部、中间或底部位置。
- 抽屉式布局：又称侧边栏布局，该布局方式是将功能菜单放置在界面两侧的一种布局方式。用户在操作时可以将功能菜单从界面侧边栏中抽出来，如同打开抽屉一般展开在当前界面中。相对于其他布局方式，抽屉式布局可以通过纵向排列切换项解决栏目较多的问题，用户不需要上下滑动界面来查看完整内容。
- 底部导航栏布局：是App界面设计常用的布局方式，设计既简单，又适合单手操作，通过位于底部导航栏上的不同按钮来切换页面，功能分布也比较清晰。

1.2.3　文字

在UI设计中，文字的展现与图像的美观度一样重要，文字可对界面内容进行说明，又可对界面功能进行引导，并且向用户传达信息。设计人员应选择合适的文字字体、合理的排版方式，对文字内容进行编排和设计。

1. 文字字体

选择合适的文字字体不但能使信息的传达更加直观，还能方便用户浏览内容。常用的文字字体类型有黑体、宋体、楷体、手写体、书法体和艺术体，每种类型的字体都有自己的特点，设计人员应根据实际需要和设计风格选择。图1-52所示为黑体和楷体文字在同一界面设计中的不同表现效果。

图1-52　黑体和楷体文字在同一界面设计中的不同表现效果

- 黑体：黑体因字形端正、四四方方，故又称方体和等线体。黑体笔画横平竖直，粗细基本一致，具有很强的商业气息，常给用户严肃、正经的感觉。
- 宋体：宋体字形纤细，结构严谨，笔画横平竖直，具有韵律感，常给用户端庄秀气的感觉。
- 楷体：楷体字形优美，笔画具有起收有序、笔笔分明和坚实有力的特点，又具有停而不断、直而不僵和流畅自然的特征。
- 手写体：手写体是通过硬笔或软笔手动书写的字体，因此笔画形态各异，别具一番风味。
- 书法体：书法体包括隶书、行书和草书，它是具有书法风格的字体，有较强的文化底蕴，笔画自由多变、顿挫有力，常用在关于传统文化的UI设计中。
- 艺术体：艺术体的笔画与结构大都进行过处理，富有艺术气息。

2. 文字排版

文字是UI设计的常用元素。在App、网页和软件界面设计中，文字在界面中的占比较大，文字排版的美观度也会影响界面整体效果，因此设计人员要重视文字排版，掌握文字排版的方法。

- 绕图型文字排版：绕图型文字排版是将文字围绕图像素材的边缘进行排列，使图文融合，也提升图像与字体的关联度，常用于文字类型较多的界面中。
- 齐头散尾型文字排版：齐头散尾型文字排版是将字体的最左侧或最右侧与其他元素对齐，常见的有左对齐和右对齐等类型，其中左对齐文字的易读性更高一些，因此更常用。
- 自由型文字排版：自由型文字排版是指没有任何规律的文字排版方式，自由地排版文字，但是要注意文字的位置与其他元素相互呼应，在自由的同时具备整体感。

3. 文字应用

文字在UI设计中常以汉字的形式体现，用于直观传达信息；此外，字母、数字和符号等不同类型的文字也可以传达出不同层次的信息。

- 字母的应用：字母大多作为一种辅助应用出现，如在界面设计中以字母键盘的形式出现，可模拟评论、聊天和发布界面的真实使用场景，如图1-53所示。
- 数字的应用：数字可作为图像素材使用，借助数字字体转换器可以生成一些精美的数字图像，作为设计元素装饰界面，如图1-54所示。
- 符号的应用：符号相较于其他类型的文字，形式更加简洁、图像化，能提升用户的认知度，常用在界面导航栏的按钮设计上，采用"符号＋汉字"的形式表达其自身功能，如图1-55所示。

图1-53　字母的应用

图1-54　数字的运用

图1-55　符号的应用

1.2.4　色彩

色彩能决定整个UI设计的美观度，并且不同的色彩也能传达给用户不同的情绪和信息，因此设计人员要了解色彩的原理，掌握相关配色的方法，设计出丰富多彩的界面效果。

1. 色彩基础

色彩是人们通过眼、脑和自身生活经验所产生的对光的视觉效应，也是人的视觉机能对外界事物的感受。色彩可以分为有彩色系和无彩色系两种，有彩色系具有3个基本属性，分别为色相、明度和纯度，也称为色彩的三属性；而无彩色系只有一个属性——明度。

（1）色彩属性

学习色彩的属性是剖析色彩构成、掌握配色的前提。

- 色相：有彩色系是由光的波长长短和振幅决定的，而光的不同波长又决定了色相。简单来说，色相就是各类色彩的称谓（如红色、黄色、蓝色），是区别不同色彩的标准。其中红色是波长最长的色彩，紫色是波长最短的色彩，红、橙、黄、绿、蓝和紫又与处在彼此之间的红橙、黄橙、黄绿、蓝绿、蓝紫和红紫共计12种色彩组成了12色相环，如图1-56所示。UI设计配色一般利用该色相环进行操作。

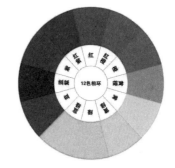

图1-56　12色相环

- 明度：是指色彩的明亮程度，主要是由反射到物体上的光线强弱所决定的一种视觉感受。一般来说，物体反射的光线越强，色彩看上去明度越亮，物体给人的感觉也就越轻；光线越弱，色彩的明度越暗，物体给人的感觉也就越沉重。调整明度就相当于调节物体反射的光量，也就是加入或减去额外的白光。图1-57所示为高明度与低明度界面设计图的对比效果。

- 纯度：又称饱和度，是指色彩的鲜艳程度。同一色相中，色彩纯度的变化会产生新的颜色，给用户不同的视觉感受。纯度的高低取决于色相含灰度的比例，灰度比例越高，纯度越低；灰度比例越低，纯度越高。设计人员在划分界面信息层级时，可以根据色彩的纯度进行色彩搭配。例如，按钮、图标等小面积的元素可采用纯度较高的色彩，如图1-58所示；或者在高纯度的大面积元素中添加低纯度的元素进行制衡，避免界面色彩太过花哨、跳跃。

 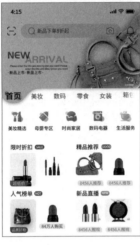 

图1-57 高明度与低明度界面设计图的对比效果　　　　图1-58 小面积元素用纯度较高的色彩

（2）同类色、邻近色、类似色、对比色和互补色

配色是在选好主色色彩的基础上进行配色。12色相环中的每一种色彩占整个色相环的1/12，也就是30°，按照这个角度可以将12种色彩的关系分为同类色、邻近色、类似色、对比色和互补色，设计人员可以在该基础上进行配色。

- 同类色：同类色是指色相环上30°以内，由同一种色彩不透明度构成的色彩。图1-59所示为红色的同类色。
- 邻近色：邻近色是指色相环上相距30°~60°的色彩，由相邻的两种色彩构成，如红和红橙构成一组邻近色。
- 类似色：类似色是指色相环上相距90°以内的色彩，由相邻的3种色彩构成，如红、红橙和橙构成一组类似色。

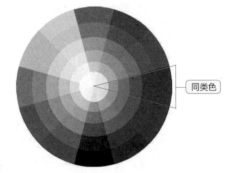

图1-59 红色的同类色

- 对比色：对比色是指在色相环上相距120°~180°的色彩，如红和黄构成一组对比色。
- 互补色：互补色是指在色相环上相距180°以上的色彩，如红与绿构成一组互补色。

2. 配色

配色即选择几种色彩进行搭配。其中用色较多、面积较大的色彩为主色；使用面积次于主色、补充主色的色彩为辅助色；提亮整体的色彩为点缀色。

（1）配色公式

主色使用面积过多会使界面层级不清晰，从而影响视觉效果。搭配一定比例的辅助色和点缀色，既可以突出重点，又可以平衡色彩的面积。

一般情况下，辅助色占界面面积的比例不超过30%有助于提亮界面；点缀色占界面面积的比例不超过10%，并且用在关键部分，有助于集中用户视线。总之，惯用的配色公式为60%主色＋30%辅助色＋10%点缀色，如图1-60所示。

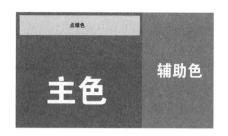

图1-60　配色公式

（2）常用配色方法

常用的配色方法按照色彩的色相数量可分为单色配色法、双色配色法、三色配色法和四色配色法，难度随着色相数量的增加而增加，设计人员可先从单色配色法学起，然后逐渐尝试在配色中融入其他色相的色彩。

- 单色配色法：单色配色法是较稳妥的配色方法，又称同类色配色法。该方法是选择同色相、不同明度的色彩进行搭配，使界面整体具有统一感，彼此之间也更融洽。图1-61所示为使用单色配色法进行的图标设计。
- 双色配色法：双色配色法常选取对比和互补色进行搭配，使界面的冲击感较强，常用的互补色配色有红绿、蓝橙和黄紫。图1-62所示为使用双色配色法进行的图标设计。
- 三色配色法：三色配色法可选择在色相环中构成等边三角形的三角对立色（见图1-63）进行搭配，比双色配色法看上去色彩更丰富，视觉效果更加美观。
- 四色配色法：四色配色法可选择邻近的4种颜色进行搭配，因为色相接近，所以过渡比较自然，如图1-64所示。

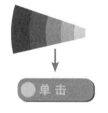
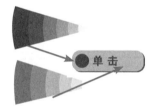

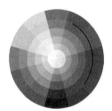

图1-61　单色配色法　　　　图1-62　双色配色法　　　　图1-63　三色配色法　　　图1-64　四色配色法

🔔 提示

　　配色要与界面设计的主体相适配，即色彩的选择要依赖主题而定，可提炼主题的关键词来选择配色倾向，如"互联网科技"，科技让人联想到机器、芯片和科技，因此可以选择偏金属感的灰色和富有科技感的蓝色、绿色。

1.2.5　风格

风格是一种艺术概念，它通过设计作品可以反映出设计人员的情感、审美和思想等特征。如果把UI设计比作建造房子，那么构图和布局可以看作钢筋，文字和色彩为砖石，风格就是涂装。

1. 常见风格

UI设计的广泛性决定了风格的多样性，下面介绍近几年市场上常见的UI设计风格。

- 扁平化风格：使用简单色块组成的形状构成图像，具有简洁美观、功能突出、传递信息明确的特点，是目前市场上的常见风格，如图1-65所示。

- 拟物化风格：对现实物体还原度较高、质感好、识别性强，常用于工具类和游戏类应用图标设计，如图1-66所示。

图1-65　扁平化风格

图1-66　拟物化风格

- 微拟物风格：微拟物风格是在扁平化风格的基础上增加了立体感，添加了阴影效果，具有现代感和氛围感。
- 简约风格：采用弱对比色调，使色调反差较小；或者采用冷暖色调对比的手法；或者采用大面积的留白，使UI设计的视觉效果具有舒适、简单的特点。
- 渐变风格：渐变色相较于单色，视觉效果更加丰富多样，可以营造出艺术感和朦胧感，适合用于文艺类UI设计，如图1-67所示。
- 3D空间感风格：运用的主体图像由具有立体感的图像组成，相较于二维界面更加写实，如图1-68所示。

图1-67　渐变风格

图1-68　3D空间感风格

2.风格的选择

风格可以决定整个UI设计视觉效果的走向，也决定字体类型和色彩选择，因此在选择风格时要记住以下几个要点。

- 风格要与产品类型相符合：产品类型不同，其风格就不同，要根据产品定位选择合适的风格。
- 风格要与色彩、字体、图片相符合：色彩、字体和图片都是能体现出风格的元素，不同的类型可传达不同的情感，因此选择的风格要与所使用的色彩、字体和图片类型统一。
- 风格要与装饰元素相符合：装饰元素在设计中起辅助作用，能够让视觉效果更美观，整体效果更加统一、突出，因此选择的风格要与所使用的装饰元素统一。

技能提升

图1-69所示为不同App的引导页效果图，请结合本节知识点回答下列问题。

高清彩图

（1）每个引导页的定位是什么？突出了该App的什么功能？

（2）通过对比这些效果图，可以得出它们之间具有什么差异性？各自的亮点是什么？

图1-69　不同App的引导页效果图

1.3 UI设计规范

UI设计规范是从事UI设计行业的人员进行UI设计时共同遵循的规则，是为了能在实际运用中保证作品的视觉统一性而对界面元素和控件进行的规范，主要包括界面元素的设计规范和不同系统的设计规范。

1.3.1　界面元素设计规范

界面元素设计规范主要是对界面上的图标、色彩、文字和按钮等元素进行规范，从而使UI设计视觉效果具有统一性和整体性。

1. 图标规范

同一个App、网站或软件的不同界面中使用的图标不但风格要保持一致，而且色调和大小等方面也要保持一致。常用的图标尺寸有"48px×48px""128px×128px""256px×256px"（px表示像素，即按照像素格计算的单位），设计人员可根据图标的使用环境和用途，选择合适的尺寸进行制作。图1-70所示为"网易云"App不同界面的图标效果图。

图1-70　"网易云"App不同界面的图标效果图

2. 按钮规范

按钮是界面设计的常见元素，设计人员应将按钮的设计规范以文字的形式进行说明，包括按钮的尺寸、圆角大小、描边粗细，以及按钮中字体的大小。禁用状态下的按钮色彩为"#cccccc"，单击状态下的按钮色彩是默认状态下按钮色彩明度的50%，如图1-71所示。

3. 色彩规范

先确定UI设计中不同界面使用的色彩种类，然后将不同界面中用到的主色、辅助色、点缀色、字体用色、图标用色、按钮用色，以及所有图片的颜色罗列出来，如图1-72所示。

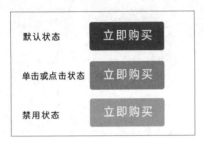

文字用色	色块	色号	使用场景
文字1		#ddf1fa	用于页面底色、主色或按钮中
文字2		#ace2f8	用于默认状态下的文字
文字3		#7fd5f8	用于提示类文字中
文字4		#7fd5f8	用于辅助色和辅助类的文字中

图1-71 按钮规范　　　　　　　　　　图1-72 色彩规范

4. 文字规范

文字规范是指在不同系统上使用的字体、字号和颜色规范，保证使用位置标准、界面字体统一，以便于界面内容的层级清晰，界面功能更加明显。

- 系统字体默认规范：iOS操作系统默认中文字体为"苹方"，英文字体为"San Francisco"，两种字体纤细饱满，便于阅读；Android操作系统默认中文字体为"思源黑体"，英文字体为"Roboto"，两种字体的线条都粗细适中，端正大方；Windows操作系统默认使用"微软雅黑"中文字体，"Segoe UI"英文字体；macOs操作系统默认使用"苹方"中文字体，"Serif"英文字体。

- 字号规范：App界面中导航栏字号和标题字号为36px~40px，正文字号为36px~40px，副文字号为36px~40px，最小字号不小于36px，图1-73所示为某App搜索界面的导航栏和正文字号展示；网页界面常用的字号为12px~30px，14px能保证用户在常用显示器上的阅读效率；软件界面常用的字号为12px~56px；游戏界面常用的字号要根据游戏运行平台进行选择，在网页中要大于14px，在移动设备中要大于20px。

- 颜色规范：界面中文字的颜色不宜过多，可选择一种颜色作为主色，在主色的基础上调整颜色的透明度进行使用，如图1-74所示。

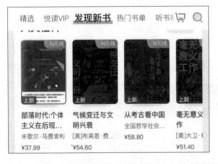

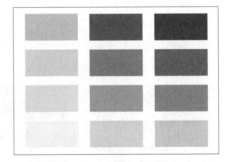

图1-73 某App搜索界面的导航栏和正文字号展示　　图1-74 调整颜色的透明度

- 行间距规范：行间距规范默认为字体大小的1~1.5倍，也可根据实际情况设定。

1.3.2　iOS操作系统设计规范

iOS操作系统是苹果公司开发的移动端操作系统，其各部分的规范如下。

1. 尺寸规范

单位是ppi（ppi表示屏幕像素密度，即像素/英寸）。尺寸通常以iPhone 8 Plus/SE/X/12为基准，以分辨率为"1080px×1920px""1242px×2688px"的尺寸来设计，其他型号的设计尺寸可依据通用尺寸向上或向下适配。

2. 控件规范

iOS操作系统界面的控件包含按钮、导航栏、搜索栏、选项卡、标签栏、工具栏、开关、提示框和弹出层，这些控件都有其固定的规范。下面以"1080px×1920px"分辨率为基准讲解控件规范。

- 导航栏：导航栏整体高度为128px；标题大小为34px，字体可以根据实际需要决定是否加粗；在左右两侧以文字形式充当按钮的情况下，按钮大小为32px，如图1-75所示。
- 搜索栏：搜索栏输入框的背景栏高度为88px，输入框的高度为56px，输入框内的字体大小为30px，输入框四周的圆角大小为10px，如图1-76所示。

图1-75　导航栏设计规范

图1-76　搜索栏设置规范

- 选项卡：选项卡整体高度为88px，选项卡控件的高度为58px，控件中字体大小为26px。筛选控件默认情况下是背景为白色，只有字体有颜色，单击筛选空间后，该控件会填充背景颜色且字体颜色变为白色。
- 标签栏：标签栏整体高度为98px，底部按钮字体大小为20px，图标大小为48px×48px，按钮不超过5个。
- 工具栏：工具栏整体高度为88px，功能控件既可以是图标也可以是文字按钮，图标尺寸为44px×44px，文字按钮中字体大小为32px。
- 开关：开关控件默认滑块滑到左侧为关闭，右侧为开启，列表栏高度为88px，开关键按钮高度为62px，列表栏中字体大小为34px，如图1-77所示。
- 提示框：提示框宽度为540px，高度根据内容的多少来确定，其中的主标题字体大小为34px，副标题字体大小为26px，按钮栏高度为88px，按钮中字体大小为34px，如图1-78所示。
- 弹出层：弹出层中的列表高度为96px，列表中的文字大小为34px，警告性文字的字体颜色一般为红色，如图1-79所示。

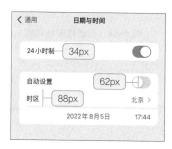

图1-77　开关设计规范

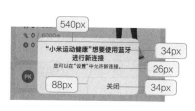

图1-78　提示框设计规范

图1-79　弹出层设计规范

1.3.3 Android 操作系统设计规范

Android操作系统是一种基于Linux内核（不包含GNU组件）的开放源代码的操作系统，主要应用于移动设备中。

1. 尺寸规范

单位是dp（dp表示独立像素分辨率），dp与px的转换公式为$dp = px \times 160 / ppi$。界面通常采用"720px×1280px""1080px×1920px"的尺寸进行制作。

2. 控件规范

Android操作系统界面的控件在iOS操作系统控件的基础上又添加了卡片、对话框、列表、分隔线、菜单、输入框和勾选框，而设计规范相较于iOS操作系统控件的尺寸更加自由。

- 卡片：卡片的宽度没有具体要求，可根据双排、单排等排列方式决定，高度随宽度而变化，尺寸比较自由，卡片四周的圆角大小为2dp，如图1-80所示。
- 对话框：对话框由标题、正文和按钮组成，对话框四周留白的宽度和高度通常均为24dp，按钮栏高度为48dp，按钮上字体大小为36dp，如图1-81所示。
- 列表：列表的默认布局为主操作在左侧，辅助操作在右侧，尺寸可自由设定，如图1-82所示。
- 分隔线：分隔线由于分隔内容，通常用在内容较多的页面，线条的粗细不超过1dp。
- 菜单：菜单是用户单击菜单控件后展开的，选中的命令会以灰底显示。由于菜单命令可以滚动条的形式显示内容，因此尺寸可以自由设定。
- 输入框：输入框通常以横线的形式进行设计，横线的粗细为2dp，正在输入内容的输入框横线会以纯度较高的颜色显示，未输入内容的输入框横线默认为灰色，不能输入内容的输入框整体以灰色显示，如图1-83所示。

图1-80　卡片设计规范　图1-81　对话框设计规范　　　图1-82　列表设计规范　　　图1-83　输入框设计规范

- 勾选框：勾选框通常用于填写信息，可分为单选和多选两种形式，单选的勾选样式为圆形＋点，多选的勾选样式为方形＋对勾，默认勾选框未被勾选时以灰色显示，如图1-84所示。

图1-84　勾选框设计规范

1.3.4 Windows 操作系统设计规范

Windows操作系统是微软公司研发的一套操作系统。了解Windows操作系统的UI设计规范有助于设计人员更好地进行UI设计。

1. 尺寸规范

单位采用px。由于Windows操作系统不断升级改版，并且随着显示屏幕越来越大，因此其界面尺寸有很多种，界面常用1080px×1920px尺寸进行制作。

2. 控件规范

Windows操作系统界面的控件主要有导航栏、Logo、状态栏、滚动条和图标等。

- 导航栏：导航栏要清晰、直观，链接最好在3层以内。
- Logo：每个界面中Logo的位置和尺寸最好保持一致。
- 状态栏：状态栏要显示用户当前的操作状态，如提示信息、进度条、用户当前位置等。
- 滚动条：滚动条可采用垂直滚动的形式设计，可不受屏幕大小的限制，相较于水平滚动形式更受用户喜爱。
- 图标：同一网站或者软件不同界面中图标的风格和色调尽量保持一致，并且同一种功能应使用同一个图标，方便用户识别。

技能提升

图1-85所示为"下厨房"App在iOS操作系统中的界面效果图，图1-86所示为"下厨房"App在Android操作系统中的界面效果图，请结合本节知识点，对比两种操作系统中的界面效果图，试分析设计人员在进行不同操作系统的界面设计时，遵循了什么设计规范，相同界面在不同操作系统中的视觉效果有差异。

高清彩图

图1-85　在iOS操作系统中的
界面效果图

图1-86　在Android操作系统中的
界面效果图

1.4

课堂实训——策划"水果淘淘"App UI设计方案

1. 实训背景

某设计公司承包了一个以水果团购为主要功能的"水果淘淘"App的UI设计项目，该公司听取客户要求先为"水果淘淘"App策划一套完整的UI设计方案，方便后期开展工作。为了保障策划方案能准确无误地制作出来，该公司决定从设计定位、规划构图与布局、选择色彩和风格、标注控件4个方面进行策划。

2. 实训思路

（1）设计定位。该App的功能是水果团购，设计人员需要提供团购首页、团购详情页，并且为了实现购买功能，需要提供购买途径，让用户能够通过详情页下单。此外，需要设置团购门槛，只有登录App账户的用户才能团购，因此需要制作登录页。App在启动时会出现启动界面，用于读取用户和App数据，因此还需要制作启动页。

（2）规划构图与布局。启动页和登录页功能单一，内容较少，因此使用中心构图和满界面版率布局，将图像和主要内容放置在中间位置进行展示，如图1-87所示。团购首页内容较多，因此使用相似构图和高界面版率，既能为界面内容展示提供足够的空间，又能保持界面内容排布规整，如图1-88所示。团购详情页相较于团购首页内容稍少一些，但需要提供购买途径和购买信息，因此可采用近似于三角形构图和中高版率布局排布界面内容，如图1-89所示。

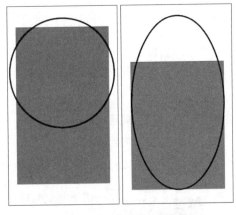

图1-87　启动页和登录页布局

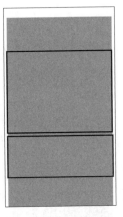

图1-88　团购首页布局

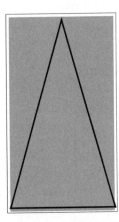

图1-89　团购详情页布局

（3）选择色彩和风格。App的定位为团购，我们应选择暖色调的配色，以刺激用户消费，并且商品以水果为主，可采用水果本身的颜色进行点缀，突出商品新鲜的特点。这里可以选择以黄色系为主色调，搭配白色作为辅助色，以绿色进行点缀，划分界面层次。配色决定了界面适合的风格，这里可以选择以清新为主的风格。

（4）标注控件。此界面设计以Android操作系统为标准，我们应在制作之前遵守该操作系统相关规范来对界面中的元素与控件进行标注，如图1-90所示。

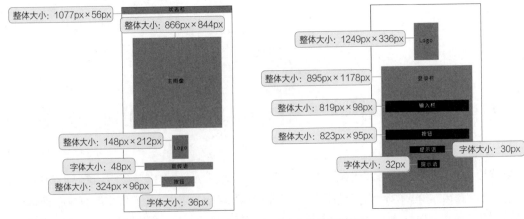

图1-90　界面元素和控件标注展示

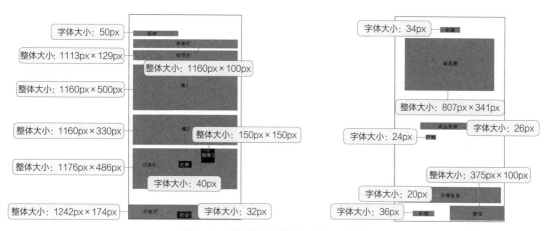

图1-90 界面元素和控件标注展示(续)

3. 步骤提示

STEP 01 在设计定位上,参考App界面结构中的启动页、登录页、团购首页和团购详情页相关内容,结合"水果团购"主题,收集相关素材。

STEP 02 规划构图和布局时,可参考构图与布局等设计要点相关内容,摆放界面中的元素进行构图,然后设定4个界面的界面版率。

STEP 03 在选择色彩上,可参考单色配色法,选择纯度中等、明度中等的同色系黄色进行配色,且要符合清新风格;然后选择与水果图像素材相近的绿色作为点缀色;最后将不同界面中用到的主色、辅助色、点缀色、字体颜色、图标用色、按钮用色、Logo用色,以及所有图像素材的颜色罗列出来,并反复优化,使每个界面的颜色具有一定的联系。

STEP 04 参考Android操作系统设计规范,对每个界面的控件进行标注。在启动界面中应对状态栏整体的大小,按钮整体、字体的大小,Logo整体和主图像整体的大小,以及宣传语字体的大小进行标注;在登录界面中应对Logo、登录栏、输入栏和按钮整体的大小,以及提示语字体的大小进行标注;在团购首页中应对导航栏、搜索栏、标签栏控件的整体大小,以及相关元素的大小进行标注;在团购详情页中应对底部的功能按钮大小,以及字体的大小进行标注。

高清彩图

STEP 05 按照设计方案模拟设计效果,图1-91所示为预期的设计参考效果。

图1-91 参考效果

1.5 课后练习

练习 1　分析音乐软件界面设计

　　某音乐软件因版本更新对软件各个界面重新进行了设计，设计效果如图1-92所示，其出色的视觉效果受到广大用户的一致好评。请从构图、布局、文字、色彩和风格5个方面分析音乐软件各个界面的特点，以及遵循了什么设计规范。

高清彩图

图1-92　音乐软件界面展示

练习 2　策划"美食点餐"App 界面设计方案

　　某餐饮品牌准备开发"美食点餐"App供移动端用户使用，要求设计人员从设计定位、界面构图、界面布局、界面配色、界面风格和设计标注等方面策划一套完整的设计方案，为UI设计做好前期准备，App界面设计参考效果如图1-93所示。

高清彩图

图1-93　App 界面设计参考效果

第  章

Photoshop基础

Photoshop凭借自身强大的功能，以及简单、易操作的特点，被广泛运用于各类设计领域中，UI设计也不例外。设计人员在使用Photoshop进行UI设计前，应先了解Photoshop的基础知识，掌握各种工具和命令的使用方法，才能根据实际需求，快速判断应使用的工具和命令，并利用Photoshop的各种功能快速、高效地制作出优秀的UI设计作品。

📖 学习目标

- ◎ 熟悉Photoshop的基础知识
- ◎ 掌握文件和图像的基本操作
- ◎ 掌握选取图像和调整图像形状的方法
- ◎ 掌握管理图像的方法
- ◎ 掌握输入与设置文字的方法

◇ 素养目标

- ◎ 培养在UI设计中运用传统文化元素的能力
- ◎ 培养良好的选取、管理图像和添加文字的习惯

◈ 案例展示

制作招聘网站界面

制作社交软件聊天页

了解Photoshop

Photoshop是由Adobe Systems公司推出的一款专业的图像处理软件，可在Windows操作系统和macOS操作系统的计算机上使用，不仅可以处理、合成和绘制图像，还可以进行图标制作、界面设计等。本书以Photoshop 2022版本为蓝本，介绍Photoshop 2022在UI设计中的应用。该版本比较智能化，可以更好地提升UI设计效率。

2.1.1 Photoshop 在 UI 设计中的应用

UI设计工作非常庞杂，创作的作品需要在不同系统、不同平台、不同设备上使用，因此需要一款具有强大设计功能，且能满足企业和设计人员设计需求的软件。而Photoshop拥有丰富的编辑和绘图功能，可以绘制图形、处理图像、美化界面。它是UI设计的常用软件之一，被广泛应用于UI设计的各个领域，不但可以满足如图标设计、图像合成、界面设计与调整（图2-1所示依次为使用Photoshop制作的图标、软件界面和网站界面）等需求，并且可以对界面进行输出，包揽UI设计从前期制作到后期输出的一系列操作。

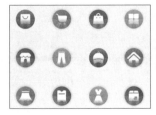  

图 2-1 使用 Photoshop 制作的 UI 设计作品

2.1.2 认识 Photoshop 工作界面

启动Photoshop后，创建文件或打开一个素材文件便可进入工作界面，如图2-2所示。Photoshop工作界面主要由菜单栏、标题栏、工具箱、工具属性栏、图像编辑区、面板和状态栏等组成。

图 2-2 Photoshop 工作界面

- 菜单栏：包括"文件""编辑""图像""图层""文字""选择""滤镜""3D""视图""增效工具""窗口""帮助"12个菜单，每个菜单包括多个命令，命令右侧有 ▶ 符号时，表示该命令包含子菜单。
- 工具箱：包含处理图像的常用工具，右下角有 ◢ 符号时表示该工具位于工具组内，将鼠标指针移至具有 ◢ 符号的工具上，单击鼠标右键将展开工具组，显示组内其他工具。工具箱包括的工具如图2-3所示。

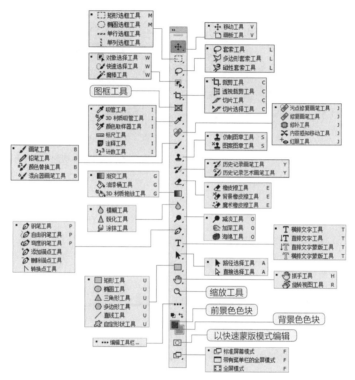

图2-3 Photoshop 工具箱

- 工具属性栏：用于设置工具参数和属性，选择工具箱内的工具后，工具属性栏会显示该工具对应的设置选项。
- 标题栏：用于显示在Photoshop中打开文件的名称。
- 图像编辑区：浏览图像和处理图像的场所，运用Photoshop进行操作的所有效果都将展示在图像编辑区内。
- 面板：面板是Photoshop提供的一种快捷应用窗口，在其中可进行各种特定的选项设置，默认以折叠方式显示在Photoshop工作界面最右侧，单击面板的名称或单击"展开面板"按钮 ◀◀，皆可展开面板，查看并进行各种操作，如编辑图层、通道和路径等，再次单击"折叠为图标"按钮 ▶▶，可还原为图标模式。Photoshop中的面板很多，在菜单栏中选择"窗口"命令，在打开的子菜单中可以看到所有的面板名称，选择对应的面板名称，即可打开对应的面板。
- 状态栏：用于显示文件的展示比例和文件大小，单击右侧的 ▶ 按钮可设置展示比例以外的显示内容，如文件大小、文档配置文件和文档尺寸等。

技能
提升

Photoshop提供了不同的工作区供用户使用，设计人员应该根据UI设计的常用操作，适当调整Photoshop工作界面的布局，打造符合个人使用习惯的工作区。Photoshop的默认工作区为"基本功能"模式，单击工具属性栏区域的"选择工作区"按钮 □，可选择不同工作界面的布局模式，并且在选择布局模式后，也可拖曳各面板调整功能面板所在的区域。图2-4所示为在"基本功能"模式下调整的工作界面布局，请分析该布局方式具有什么优势，并且根据自身习惯，重新设置工作界面布局，打造便捷、美观的工作界面。

高清彩图

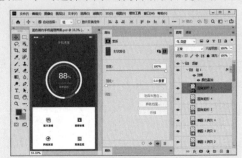

图2-4　在"基本功能"模式下调整的工作界面布局

2.2
文件和图像的基本操作

了解文件和图像的基本操作是使用Photoshop进行UI设计的基础。使用Photoshop新建或打开文件后，可置入素材或复制文件中的图像，丰富界面的内容，也可以运用标尺、参考线和网格辅助设计人员划分界面、布局内容，使制作的UI设计作品更加符合预期、更加美观。

2.2.1　课堂案例——制作招聘网站界面

案例说明：某互联网公司因业务增加需要招聘新员工，决定重新制作公司网站上的招聘界面，推动招聘工作的开展。要求网站界面尺寸为1920像素×1080像素，突出招聘主题，使用当下流行的渐变风格，参考效果如图2-5所示。

知识要点：新建文件；置入图像；复制图像；参考线；标尺；关闭文件；保存文件。

素材位置：素材\第2章\招聘网站\

效果位置：效果\第2章\招聘网站界面.psd

高清彩图

图2-5　参考效果

随着互联网技术日益成熟，越来越丰富的网站类型出现在人们眼前，而网站的界面风格却由复杂、烦琐转变为极简主义风格。极简主义风格结合渐变效果、系列插画、扁平化元素构成的背景图与文字，构造整个界面效果，突破想象力，给用户耳目一新的感觉，对设计人员的能力要求也更高。

具体操作步骤如下。

STEP 01 启动Photoshop，在打开的界面中单击左侧的 新建 按钮，打开"新建文档"对话框，在"预设详细信息"栏中设置名称为"招聘网站界面"，在其下方设置宽度为"1920像素"、高度为"1080像素"、分辨率为"72像素/英寸"，单击 创建 按钮，如图2-6所示。

STEP 02 选择【文件】/【打开】命令，打开"打开"对话框，选择"素材.psd"素材文件，单击 打开(O) 按钮，如图2-7所示，在Photoshop中打开"素材.psd"文件。

视频教学：
制作招聘网站
界面

STEP 03 将鼠标指针移至"素材.psd"文件中的背景图像上，按住鼠标左键不放拖曳图像到"招聘网站界面.psd"标题栏，此时Photoshop自动切换到"招聘网站界面.psd"文件的工作界面，并且将背景图像复制到该文件内，如图2-8所示。继续按住鼠标左键不放拖曳图像调整到合适的位置，然后将鼠标指针移至"素材.psd"标题栏上，单击切换回"素材.psd"文件的工作界面。

图2-6 打开"新建文档"对话框　　　图2-7 打开"打开"对话框　　　图2-8 复制背景图像

STEP 04 按照与步骤3相同的方法将"素材.psd"文件内的两个文字图像复制到"招聘网站界面.psd"文件中。然后单击"素材.psd"标题栏中文件名称右侧的 × 按钮，关闭"素材.psd"文件，此时Photoshop中只存在"招聘网站界面.psd"文件。

提示

在工具箱中选择"移动工具" ✛ 的基础上，将鼠标指针移至图像编辑区中的图像上，按住鼠标左键不放拖曳图像，可随着拖曳轨迹移动图像，因此为了防止编辑完毕的图像位置改变，在观察显示效果时切忌进行此操作。

STEP 05 观察图像发现，此时左侧区域和顶部区域比较空旷，因此可导入素材，布局网站界面。选择【文件】/【置入嵌入对象】命令，打开"置入嵌入的对象"对话框，选择"手指.png"素材，单击 置入(P) 按钮，即可置入该素材。将鼠标指针移至该素材上，按住鼠标左键不放拖曳素材至左侧合适的区域。

STEP 06 观察图像发现，手指图像往右侧移动一些距离后效果更佳。选择【视图】/【标尺】命令，图像编辑区顶部与左侧将出现标尺，将鼠标指针移至左侧标尺处，按住鼠标左键不放拖曳鼠标到顶部标尺数值为"200"前一竖线处，此时出现一条竖直的参考线。然后调整手指图像最左侧对准该参考线，单击工具属性栏中的✓按钮，完成该图像的位置调整，如图2-9所示。

STEP 07 按照与步骤5和步骤6相同的方法，依次置入"导航栏.png"和"装饰品.png"素材，并创建参考线辅助进行素材位置的调整与布局，如图2-10所示。

图2-9 创建参考线辅助调整图像位置   图2-10 创建参考线辅助布局

STEP 08 选择【视图】/【清除参考线】命令，清除图像编辑区内的参考线，然后按【Ctrl+S】组合键保存文件。

2.2.2 新建和打开文件

使用Photoshop进行UI设计时，首先要新建文件，以便在文件内进行操作。当需要其他文件中的素材来丰富作品效果时，我们需要执行打开文件的操作。

● 新建文件：启动Photoshop后，在界面左侧单击 新建 按钮，或者选择【文件】/【打开】命令，或者按【Ctrl+N】组合键，打开"新建文档"对话框，然后在对话框右侧的"预设详细信息"栏中设置文件名称、尺寸、分辨率、颜色模式和背景内容，单击 创建 按钮，完成新建文件操作。

● 打开文件：启动Photoshop后，在界面左侧单击 打开 按钮，或者选择【文件】/【打开】命令，如图2-11所示，或者按【Ctrl+O】组合键，打开"打开"对话框；选择需要的文件后，单击 打开(O) 按钮，可打开该文件。

图2-11 打开文件

2.2.3 置入与复制图像

使用Photoshop进行UI设计时，复制图像可以多次、快速地使用素材，避免重复置入素材和重复制作各种元素；置入其他外部素材图像则可以丰富作品效果。

1. 复制图像

复制图像可以只在文件内部进行,也可以将文件内的图像复制到其他文件中,实现跨文件复制。

● 复制图像:选中需要复制的图像后,选择【编辑】/【拷贝】命令或按【Ctrl+C】组合键,复制图像;然后选择【编辑】/【粘贴】命令或按【Ctrl+V】组合键,将复制后的图像粘贴到图像编辑区中。

● 跨文件复制图像:将鼠标指针移至要复制的图像上,按住鼠标左键不放,将其拖曳到目标文件的标题栏上,Photoshop将自动切换到目标文件的工作界面,鼠标指针也变为 状态,保持按住鼠标左键不放的状态,将图像拖曳到图像编辑区内,松开鼠标左键,该图像将复制到该文件中,"图层"面板也将自动为该图像创建图层,如图2-12所示。

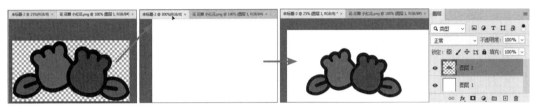

图2-12 跨文件复制图像

2. 置入图像

置入图像是将Photoshop外部的图像文件添加到当前文件中。在Photoshop中创建或打开文件后,选择【文件】/【置入嵌入对象】命令,打开"置入嵌入的对象"对话框,选择需要置入的图像文件,单击 [置入(P)] 按钮,置入的图像文件将自动放置在当前文件图像编辑区的中间位置,"图层"面板也将自动为该图像素材创建图层,单击工具属性栏上的 ✓ 按钮,完成图像的置入,如图2-13所示。

图2-13 置入图像

2.2.4 保存和关闭文件

使用Photoshop进行UI设计时,需要经常进行保存操作,防止文件因卡顿闪退造成文件未保存完整;在其他文件中复制素材后,设计人员可关闭素材文件,释放计算机内存,提高Photoshop的运行速度。

● 保存文件:编辑文件后,选择【文件】/【存储】命令或按【Ctrl+S】组合键,打开"存储为"对话框,设置存储位置和文件名称,单击 [保存(S)] 按钮,完成保存操作。

🔔 提示

若要将当前文件以不同的格式、不同的名称或不同的保存位置再保存一份文件,则选择【文件】/【存储为】命令,在打开的"存储为"对话框中根据需求修改设置,然后单击 [保存(S)] 按钮保存文件。

- 关闭文件：保存文件后，选择【文件】/【关闭】命令，或者按【Ctrl+W】组合键，或者单击该文件标题栏名称右侧的 × 按钮，皆可关闭文件。

2.2.5 标尺、参考线和网格的应用

Photoshop提供了多个辅助设计人员创作的工具，包括标尺、参考线和网格等。对于UI设计这种需要精确布局内容的情况，这些工具可以有效地起到定位的作用。

1. 标尺

标尺有助于设计人员了解图像的位置。选择【视图】/【标尺】命令，或者按【Ctrl+R】组合键，可以在图像编辑区的顶部和左侧显示标尺，再次按【Ctrl+R】组合键可以隐藏标尺。

2. 参考线

参考线是浮动在图像编辑区上的直线，分为水平参考线和垂直参考线两种，用于辅助定位图像，并且创建后的参考线不会随着文件的打印而被打印出来。

- 创建参考线：选择【视图】/【新建参考线】命令，打开"新建参考线"对话框，在"取向"栏中选择参考线的方向，如垂直、水平，在"位置"数值栏中输入数值，单击 确定 按钮，即可在设置的位置创建一条参考线，如图2-14所示。通过标尺也可以创建参考线：将鼠标指针移至图像编辑区顶部或左侧的标尺处，按住鼠标左键不放向图像编辑区内拖曳，鼠标指针会变成 ⇔ 或 ⇕ 形状，同时在右上角显示当前参考线的位置，松开鼠标左键后，可以在当前鼠标指针处创建一条参考线。

图2-14　创建参考线

> 🔔 **提示**
>
> 选择【视图】/【新建参考线版面】命令，打开"新建参考线版面"对话框，可以设置参考线的列数与行数，以及宽度和边距等，从而一次性创建多条参考线。

- 启用智能参考线：选择【视图】/【显示】/【智能参考线】命令，可以启用智能参考线，之后使用"移动工具" ⊕ 移动图像时，将自动进行智能对齐显示。图2-15所示为移动图像时，智能参考线自动对齐到顶部和底部的效果。

图2-15　启用智能参考线

3. 网格

设置网格可以让界面布局更精准，也可以辅助图标等精细形状的制作。选择【视图】/【显示】/【网格】命令，或者按【Ctrl+'】组合键，可以在图像编辑区内显示网格，再次按【Ctrl+'】组合键可隐藏网格。灵活运用快捷键可帮助设计人员快速查看已制作的UI设计效果，而不受网格的视觉影响。

疑难解答

在 UI 设计的过程中，有时界面的颜色与参考线的颜色类似，标尺和网格不适应图像的大小，影响查看和操作，该怎么办？

此时可以自定义参考线、标尺和网格线的参数，使其符合实际需求。操作方法是：选择【编辑】/【首选项】命令，在弹出的子菜单中选择"单位与标尺"或"参考线、网格和切片"命令，或者按【Ctrl + K】组合键，打开"首选项"对话框，在对话框中可对标尺的单位、参考线的颜色、网格线间距和子网格数等参数进行设置。

技能提升

图2-16所示为利用素材（素材位置：素材\第2章\网站登录界面\）制作的左图右文布局的网站登录界面，请分析它可以使用本小节讲述的哪些操作来实现。然后利用这些素材，创建参考线，尝试制作出与该登录网站不同布局的界面效果。

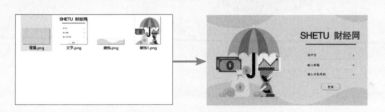

高清彩图

图2-16 采用左图右文布局的网站登录界面

2.3 选区工具组的应用

UI设计中常常包含各种图像，通过Photoshop中的选区工具组可以绘制形状各异的图像或对素材内的图像进行精准选取，从而获得满足需求的图像。

2.3.1 课堂案例——制作多肉养殖网站聚合页

案例说明：某多肉养殖网站决定以"夏日 养殖"为主题，将不同种类的多肉图像进行排列组合，制作出一个聚合页，让用户可以单击图像下方的提示框跳转到其他页面，浏览对应的养殖知识。要求页面尺寸为1980像素×2483像素，突出"夏日 养殖"主题，并且页面中的多肉图像布局美观、排列整齐，在展示多肉之美的同时，激发用户对大自然中一草一木的热爱。参考效果如图2-17所示。

高清彩图

图2-17　参考效果

知识要点：矩形选框工具；参考线；对象选择工具；智能参考线。

素材位置：素材\第2章\多肉养殖网站聚合页\

效果位置：效果\第2章\多肉养殖网站聚合页.psd

设计素养

网站聚合页是指根据一定的主题将网站原有内容重新排列组合成一个新的专题页面，该专题页面主题相关度较高，选取的内容质量也更专业。制作聚合页时要注意聚合页的内容不能与网站其他页面的内容有较高的重复，并且页面内容的相关性要强，关键词必须与网站主题相关。

具体操作步骤如下。

STEP 01 新建一个宽为"1980像素"、高为"2483像素"、分辨率为"72像素/英寸"、名称为"多肉养殖网店聚合页"的文件。将"导航.png"素材置入文件中，调整素材的位置与大小，如图2-18所示。

视频教学：制作多肉养殖网站聚合页

图2-18　置入素材

STEP 02 打开"素材.psd"文件，将文件内的素材全部复制到新创建的文件中，调整素材的位置与大小。再打开"多肉0.jpg"素材，按【Ctrl+J】组合键复制一层素材，然后选择"对象选择工具" ，将鼠标指针移至多肉图像上，单击，此时多肉图像自动被选取，选择【选择】/【修改】/【收缩】命令，打开"收缩选区"对话框，在"收缩量"数值框中输入"3"，单击 确定 按钮，如图2-19所示。

STEP 03 按【Ctrl+C】组合键，切换到"多肉养殖网站聚合页"文件，按【Ctrl+V】组合键将复制的图像粘贴到该文件中，然后使用"移动工具" 调整其位置。将"标题.png"素材置入"多肉养殖网站聚合页"文件中，调整素材的位置与大小，如图2-20所示。

图2-19　收缩选区

图2-20　置入并调整素材

STEP 04 选择"矩形选框工具" ，按住鼠标左键不放，拖曳鼠标绘制一个"1980像素×76像素"的矩形选区，单击鼠标右键，在弹出的快捷菜单中选择"填充"命令，打开"填充"对话框，在"内容"下拉列表中选择"颜色"选项，打开"拾色器（填充颜色）"对话框，设置颜色为"#87a026"，单击 确定 按钮，再单击 确定 按钮，为选区填充颜色，如图2-21所示。

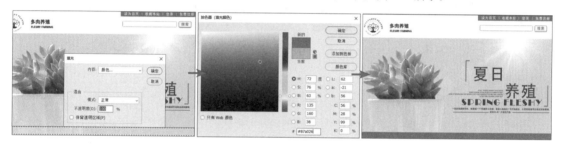

图2-21　绘制选区并填充颜色

STEP 05 打开"多肉1.jpg"素材，按【Ctrl+R】组合键显示标尺，为多肉主体所在区域添加参考线，然后选择"矩形选框工具" ，沿着参考线框选图像，创建选区后用与步骤3相同的方法将选取的图像复制并粘贴到"多肉养殖网站聚合页"文件中，然后调整图像的大小和位置，如图2-22所示。

STEP 06 使用与步骤5相同的方法，选取"多肉2.jpg~多肉7.jpg"素材中的主体图像，然后复制并粘贴到"多肉养殖网站聚合页"文件中，添加参考线并选择【视图】/【显示】/【智能参考线】命令，调整图像的位置和大小，如图2-23所示。

STEP 07 置入"提示框.png"素材，调整素材的位置和大小。然后复制该素材，添加参考线，依次调整位置，效果如图2-24所示。最后按【Ctrl+S】组合键保存文件。

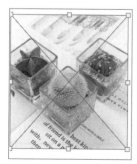

图2-22　选取并调整图像

图2-23　调整图像位置和大小

图2-24　调整素材位置和大小

2.3.2　选区概述

在Photoshop中，设计人员可使用选区工具组框选出部分区域，从而创建选区。选区可以是封闭的规则区域，也可以是不规则区域。在UI设计中，选区可应用于抠图、绘图、改变素材形状等方面，第1章提到的界面布局中的破界法就可以通过选区工具组实现。

创建选区后，围绕在选区边缘处的不断闪动的虚线被称为"蚂蚁线"，其因酷似一队头尾相接不断前进的蚂蚁而得名，如图2-25所示。被"蚂蚁线"包围的区域是可以进行移动位置、填充颜色等操作的可编辑区域，如图2-26所示；"蚂蚁线"以外的区域是不可编辑区域。

图2-25　蚂蚁线　　　　　　　　　　图2-26　被"蚂蚁线"包围的区域可被编辑

2.3.3　选框工具组

选框工具组包含4种选框工具，可以创建规则的、几何形状的选区，其中"矩形选框工具" 用于创建矩形选区和正方形选区；"椭圆选框工具" 用于创建椭圆选区和圆选区；"单行选框工具" 用于创建高度为1像素的选区；"单列选框工具" 用于创建宽度为1像素的选区。选框工具组中各工具的使用方法和工具属性栏基本一致，下面以"矩形选框工具" 为例，讲解选框工具组的工具属性栏，如图2-27所示。

图2-27　"矩形选框工具"工具属性栏

- 新选区 ：选择选框工具组后，还未选择对象时的默认选项。
- 添加到选区 ：用于继续创建选区，将新选区添加到原有选区中。
- 从选区减去 ：用于在当前选区中删去不需要的选区范围。
- 与选区交叉 ：用于创建快速相交的选区。
- 羽化：在右侧数值框内输入数值，可以实现选区边缘的柔和效果。
- 消除锯齿：用于平滑选区边缘。
- 样式：用于设置选框的比例或尺寸，有"正常""固定比例""固定大小"3种选项可供选择。选择"正常"以外的选项，可以激活"宽度""高度"数值框。
- 选择并遮住… 按钮：用于进一步调整选区边界。单击 选择并遮住… 按钮将切换到"选择并遮住"工作界面。

2.3.4　套索工具组

套索工具组包含3种工具，可以创建不规则的选区。其中"套索工具" 用于绘制不规则的选区；

"多边套索工具" ⚡用于创建选区边缘是直线的选区；"磁性套索工具" ⚡用于创建通过颜色差异自动识别区域边缘的选区。套索工具组中各工具的使用方法和工具属性栏与选框工具组基本一致，下面主要讲解"磁性套索工具" ⚡的工具属性栏的特有部分，如图2-28所示。

图2-28 "磁性套索工具"的工具属性栏

- 宽度：用于设置边的距离，以区分路径。
- 对比度：用于设置边缘的对比度，以区分路径。
- 频率：用于设置锚点添加在路径中的密度。
- 压感设置⚡：用于在使用绘图板的过程中利用画笔压力以更改钢笔宽度。

2.3.5 快速选择工具组

快速选择工具组可在边缘不规则或较复杂的素材中创建选区，包含"对象选择工具" 🔲、"快速选择工具" 🖌和"魔棒工具" 📐3种工具。

1. 对象选择工具

"对象选择工具" 🔲是采用Photoshop自动判定的特性，选取素材中主体对象的一种工具。"对象选择工具" 🔲的工具属性栏如图2-29所示。用户只需将鼠标指针悬停在素材的主体对象上，Photoshop将自动为该对象创建蓝色的预选区，然后单击创建选区。

图2-29 "对象选择工具"的工具属性栏

- 对象查找程序：用于通过一次单击选择文档中的多个对象。
- 对象选择程序🔄：首次打开素材后，单击选中"对象查找程序"复选框，Photoshop将刷新查找程序，🔄按钮会自动旋转。用户修改素材中的图像后也可以手动单击🔄按钮刷新对象查找程序。
- 显示所有对象（按N可切换预览模式）🔲：用于显示素材中所有已识别出来的图像。所有已识别出来的图像会变成蓝色的预选区，用户在所需图像的预选区内单击可创建选区。
- 设置其他选项⚙：用于设置对象查找程序。
- 模式：用于设置选区的工具为矩形还是套索。若选择"矩形"选项，鼠标指针将呈🔸状态；若选择"套索"选项，鼠标指针将呈🔸状态。
- 对所有图层取样：用于在复合图层的素材文件中对图像进行取样，单击选中"对所有图层取样"复选框，可将所有可见图层中与取样点颜色相似的像素加入选区。
- 硬化边缘：用于强制硬化选区的边缘，使选区边缘更加清晰。
- 提供有关选区结果的反馈🔲：用于反馈选区功能使用心得。
- 选择主体：用于为素材中最突出的对象直接创建选区。

2. 快速选择工具

"快速选择工具" 🖌常用于为背景单一、主体图像突出的素材创建选区。使用方法为：选择"快速选择工具" 🖌，在工具属性栏（见图2-30）中设置参数，然后在需要选取的图像上涂抹，Photoshop将自动在涂抹的区域创建选区。

图2-30 "快速选择工具"的工具属性栏

- 新选区：用于选取图像并创建选区。
- 添加到选区：用于继续选取图像，将新创建的选区添加到已有选区中。
- 从选区减去：用于在当前创建的图像选区中删去不需要的部分，缩小选取图像的范围。
- 单击可打开画笔选项：用于设置画笔的大小、硬度、间距。
- 设置画笔角度：用于设置画笔的角度。
- 增强边缘：用于减少选取对象边界的粗糙度，使边界更加顺滑。

3. 魔棒工具

使用"魔棒工具"选取位于素材图像上的某一点，Photoshop将把与这一点颜色相似的点自动添加到选区中，因此常用于选取纯色背景中的图像。选择"魔棒工具"，在工具属性栏（见图2-31）中设置参数，然后将鼠标指针移至纯色背景处，单击可全部选中背景，按【Ctrl+Shift+I】组合键可以反向选区。

图2-31 "魔棒工具"的工具属性栏

- 取样大小：用于设置取样点像素的大小。
- 容差：用于设置颜色取样处的范围，范围越大，识别选取颜色相似点的范围就越大。
- 连续：用于设置像素的连续取样，单击选中"连续"复选框，只能选取互为相邻的相似像素；反之，整张图像上相近的颜色都将被选中。

技能提升

　　在UI设计中，仅凭选框工具组中的单个工具很难绘制复杂图形，综合运用选框工具组中的多个工具，配合工具属性栏提供的4种选区运算方式（新选区、添加到选区、从选区减去和与选区交叉），可以实现复杂形状的绘制。图2-32所示为利用选框工具组中的工具与选区运算及填充选的操作来绘制天气图标的过程，请根据图示动手尝试绘制。

高清彩图

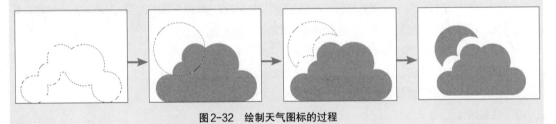

图2-32 绘制天气图标的过程

图层的应用

使用Photoshop进行UI设计离不开对图层的创建与编辑。除了新建、复制和移动等基本操作外，应用图层的混合模式和样式还可以为图层中的图像添加各式各样的特殊效果，从而丰富UI设计作品的视觉效果。

2.4.1　课堂案例——制作益智小游戏操作界面

案例说明：某公司开发了一款益智小游戏，用于让用户记忆日常生活中常见的动作与名称。现要制作游戏的操作界面，要求尺寸为1080像素×1980像素，图标排列整齐，布局有一定的规律，参考效果如图2-33所示。

知识要点：链接图层；群组图层；图层的不透明度；对齐图像；分布图像。

素材位置：素材\第2章\游戏操作界面\

效果位置：效果\第2章\益智小游戏操作界面.psd

高清彩图

图2-33　参考效果

具体操作步骤如下。

STEP 01 新建一个宽为"1080像素"、高为"1980像素"、分辨率为"72像素/英寸"、名称为"益智小游戏操作界面"的文件。将"背景.jpg"素材置入文件中，调整素材的位置与大小。

STEP 02 将"太阳.png"素材置入文件中，调整素材的位置与大小，然后选择【窗口】/【图层】命令，在工作界面右下角显示"图层"面板，选择素材所在的图层，在"不透明度"数值框中输入"54%"，调整图像的不透明度，如图2-34所示。

STEP 03 打开"按钮.psd"文件，按住【Shift】键不放，选中"心形"和"闪电"图层，单击鼠标右键，在弹出的快捷菜单中选择"复制图层"命令，打开"复制图层"对话框，在"目标"栏的"文档"下拉列表中选择"益智小游戏操作界面.psd"选项，单击确定按钮，如图2-35所示，将图像复制到目标文档中。

视频教学：
制作益智小游戏
操作界面

STEP 04 切换到"益智小游戏操作界面.psd"文件，选中两个复制的图像所在的图层，按【Ctrl+T】组合键调整图像的大小，然后分别调整图像位置。选择【图层】/【对齐】/【顶边】命令，两处图像将自动顶部对齐，如图2-36所示。

图2-34　设置图层不透明度

图2-35　复制图层

图2-36　顶边对齐

STEP 05 打开"主图像.psd"文件，将其中的图层用与步骤4相同的方法复制到"益智小游戏操作界面.psd"中，并且调整图层中图像的位置。在"图层"面板右下角单击"创建新组"按钮 ，将名称改为"主图像"，然后将"绿""红""笑""星"图层移至该组内，如图2-37所示。

STEP 06 单击"创建新图层"按钮 ，创建新图层，使用"矩形选框工具" 在新建的图层上绘制矩形选区，为选区填充"#ffffff"颜色，设置图层不透明度为"42%"。用与步骤4相同的方法将"按钮.psd"文件中剩余的素材复制到"益智小游戏操作界面.psd"文件中，调整素材的位置与大小，然后选中这一步骤涉及的图层，单击"链接图层"按钮 ，拖曳图像至图像编辑区右侧对齐，如图2-38所示。

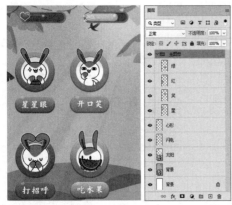

图2-37　创建图层组　　　　　　　　　图2-38　绘制选区并移动素材位置

STEP 07 置入"信息.png""暂停.png""下一关.png"素材，调整位置与大小，然后选择【图层】/【对齐】/【底边】命令，将素材底边对齐，再选择【图层】/【分布】/【水平居中】命令，调整素材的间距，最后保存文件。

2.4.2　图层的常见类型

图层可以看作是一张独立的透明胶片，完整的UI设计作品是由每张独立的透明胶片上的内容按顺序叠加起来构成的。上方图层中的图像显示效果在前，下方图层中的图像显示效果在后，并且会被上方图层中的图像内容遮挡。图层有不同的类型，常见的有背景图层、普通图层、智能对象、文字图层和形状图层5种，如图2-39所示。

图2-39　图层的常见类型

- 背景图层：新建或打开文件时存在的图层，该图层始终位于"图层"面板底部，不能添加图层样式和调整透明度。
- 普通图层：普通图层是较为常见的一种图层，可以进行一系列的操作。
- 智能对象：智能对象也是智能图层，它可以保留图像的源内容及其所有原始特性。
- 文字图层：文字图层是输入文字时自动生成的图层。
- 形状图层：形状图层包含位图和矢量图两种元素，可以在放大的状态下保持图像的清晰度。使用形状工具组在"形状"模式下绘制图像后，Photoshop将在"图层"面板上自动创建该图像的图层，即形状图层。

2.4.3 图层的基本操作

在Photoshop中选择【窗口】/【图层】命令，可打开"图层"面板（见图2-40）。在该面板中几乎可以进行图层的所有操作，包括新建和复制图层、移动图层顺序、链接图层、对齐与分布图层、群组图层和设置图层的不透明度等。

图2-40 "图层"面板

1. 新建和复制图层

新建图层较为常用、快捷的方法为：单击"图层"面板下方的"创建新图层"按钮，直接创建一个新的普通图层；或者选择【图层】/【新建图层】命令，打开"新建图层"对话框，在其中设置图层参数后单击 确定 按钮。

复制图层的方法为：选择需复制的图层，按【Ctrl+J】组合键；或者选中图层后单击鼠标右键，在弹出的快捷菜单中选择"复制图层"命令，在打开的对话框中设置目标位置后单击 确定 按钮。

2. 移动图层顺序

移动图层顺序的方法为：选择图层后，按住鼠标左键不放，在"图层"面板上拖曳该图层。向上拖曳图层，图层往上移动，反之往下移动。

3. 链接图层

链接图层可以将多个图层关联在一起，以便更好地对链接的图层进行整体的移动、复制等操作，从而提升操作的准确性和效率，如图2-41所示。链接图层的方法为：选中两个或两个以上图层，单击"图层"面板下方的"链接图层"按钮，或者单击鼠标右键，在弹出的快捷菜单中选择"链接图层"命令。

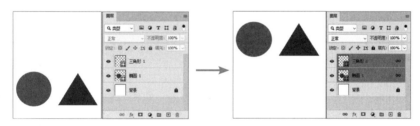

图2-41 链接图层

4. 对齐与分布图层

UI设计要求界面布局整齐，元素的位置具有一定的规律，因此常常需要对齐图层中的图像，或者按一定的间距分布图层中的图像，使整体效果更美观。

- 对齐图层：对齐图层可以将多个图层中的图像以其中一个图像作为参照物对齐。选择【图层】/【对齐】命令，在弹出的子菜单中可以选择所需的对齐命令，如图2-42所示。
- 分布图层：分布图层可以将3个或3个以上图层中的图像按某种方式在水平或垂直方向上等距分布。选择【图层】/【分布】命令，在弹出的子菜单中可以选择所需的分布命令，如图2-43所示。

图2-42 对齐命令 图2-43 分布命令

5. 群组图层

群组图层可以对图层组内的图层进行统一管理，其方法为：在"图层"面板中单击"创建新组"按钮，新建图层组，然后将需要的图层放置在图层组中；或者先选择需要的图层，然后选择【图层】/

【图层编组】命令，或者按【Ctrl+G】组合键进行编组。

> 🔔 **提示**
>
> 　　选择【图层】/【新建】/【组】命令，或者选择图层后，选择【图层】/【新建】/【从图层建立组】命令，在打开的对话框中设置图层组的名称、颜色、模式等属性，单击 确定 按钮，也可以新建图层组。

　　群组图层后，可以通过复制图层组快速制作相似的内容，从而提升制作效率。复制图层组的方法为：在"图层"面板上选择图层组，按【Ctrl+J】组合键，或者单击鼠标右键，在弹出的快捷菜单中选择"复制组"命令，或者选择"移动工具" ✛，在工具属性栏的"自动选择"复选框后的下拉列表中选择"组"选项，按住【Alt】键不放拖曳图层组，即可复制整个图层组，如图2-44所示。

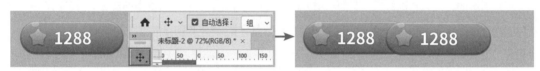

图2-44　复制图层组

6. 设置图层的不透明度

　　在"图层"面板右上方的"不透明度"数值框中输入具体的数值，可以设置图层的不透明度，从而调整图层中图像的显示程度。该效果作用于整个图层，包括图层的颜色、效果等。不透明度为0%的图层上的图像完全透明，不透明度为100%的图层上的图像完全显示自身颜色。此外，还可在下方的"填充"数值框中输入数值，设置图层的填充颜色透明度，而不影响图层样式的效果。

2.4.4 课堂案例——制作外卖 App 节日闪屏页

　　案例说明：某外卖App为了庆祝春节的到来，准备制作闪屏页在春节期间使用。要求尺寸为1080像素×1920像素，突出"新年快乐"主题，同时弘扬传统文化，宣传外卖骑手坚守岗位、勤劳工作的态度，参考效果如图2-45所示。

　　知识要点："投影""内发光""渐变叠加"图层样式；"线性加深"混合模式；链接图层；图层不透明度。

高清彩图

　　素材位置：素材\第2章\节日闪屏页\

　　效果位置：效果\第2章\外卖App节日闪屏页.psd

图2-45　参考效果

> ✒️ **设计素养**
>
> 　　设计包含传统文化元素的界面时，应找到传统文化与界面表现内容的结合点进行创作，如图形、色彩、文字和典故等元素，并将带有这些元素的图标、符号、图像和内容布局在较为明显的位置，这样既能突出主题，又能展示相关元素，更容易被用户接受，还能借助传统文化的魅力提高 UI 设计的整体效果。

具体操作步骤如下。

STEP 01 新建一个宽为"1080像素"、高为"1920像素"、分辨率为"72像素/英寸"、名称为"外卖App节日闪屏页"的文件。将"背景.png""底纹.png"素材置入文件中，依次调整素材的位置与大小，效果如图2-46所示。

STEP 02 此时发现整体色调偏黄，与主题氛围不符，选择"底纹"图层，在"图层"面板左上角的"正常"下拉列表中选择"线性加深"选项，再设置图层的不透明度为"30%"，如图2-47所示。

视频教学：
制作外卖 App 节
日闪屏页

STEP 03 将"底托.png""外卖员.png"素材置入文件中，依次调整素材的位置与大小。打开"祝福语.psd"文件，将"祝福语1"图层组复制到"外卖App节日闪屏页.psd"文件中，并切换到该文件，调整该图层组内图像的大小和位置，效果如图2-48所示。

图2-46　效果展示（1）　　　　图2-47　设置图层混合模式和不透明度　　　　图2-48　效果展示（2）

STEP 04 选择"外卖员"图层，在"图层"面板下方单击"添加图层样式"按钮 *fx*，在弹出的下拉列表中选择"投影"选项，打开"图层样式"对话框，设置颜色、不透明度、角度、距离、扩展和大小分别为"#431012、42%、148度、25像素、22%、5像素"，如图2-49所示。在对话框左侧单击选中"内发光"复选框，设置颜色和不透明度分别为"#ffffff、50%"，单击 确定 按钮，如图2-50所示。

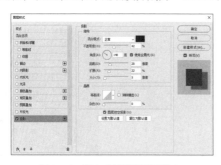 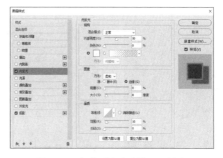

图2-49　添加"投影"图层样式　　　　　　图2-50　添加"内发光"图层样式

STEP 05 选择"新年快乐"图层，单击"图层"面板下方的"添加图层样式"按钮 *fx*，在弹出的下拉列表中选择"投影"选项，打开"图层样式"对话框，设置颜色为"#a41b21"。在对话框左侧单击选中"渐变叠加"复选框，在"混合模式"下拉列表中选择"强光"选项，设置渐变颜色为"#fdc830、#f37335"，在"样式"下拉列表中选择"角度"选项，设置角度为"-165度"，单击 确定 按钮，如图2-51所示。

STEP 06 用与步骤5相同的方法为"英文"图层添加"投影"和"渐变叠加"图层样式，保持设置的参数不变。置入"祥云.png"素材，调整素材的位置和大小，效果如图2-52所示。

STEP 07 在外卖员图像下方添加一条水平参考线，再创建一个新图层，选择"矩形选框工具" ，沿着参考线绘制矩形选区，然后为选区填充"#ffffff"颜色，如图2-53所示。

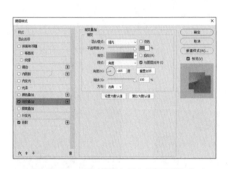  

图2-51 添加"渐变叠加"图层样式　　图2-52 效果展示　　图2-53 绘制选区并填充颜色

🔔 **提示**

当为某图层添加图层样式后，再为其他图层添加相同的图层样式时，Photoshop的"图层样式"对话框会自动记录并显示上一次使用的参数，用户可直接运用该参数或者重新设置参数。

STEP 08 置入"Logo.png"素材，并调整该素材的位置和大小，然后创建4条参考线，如图2-54所示。切换到"祝福语.psd"文件，将"祝福语2"图层组复制到"外卖App节日闪屏页.psd"文件中，并切换到该文件，调整该图层组内图像的大小和位置，如图2-55所示。

STEP 09 查看整体效果，发现"祝福语1"图层组内素材图像位置可再优化，链接"新年快乐"图层和"英文"图层，将两图层位置上移，如图2-56所示。最后按【Ctrl+S】组合键保存文件。

图2-54 置入素材和创建参考线　图2-55 调整素材位置和大小　　图2-56 完成效果展示

2.4.5　图层样式

在Photoshop中，运用图层样式可对除"背景"图层以外的图层或图层组中的图像添加效果，丰富界面的立体感、质感和光影感。

1. 添加图层样式

添加图层样式的方法为：双击图层名称附近的空白区域，在"图层"面板中选择图层后单击"添加图层样式"按钮 _fx_，在弹出的下拉列表中选择所需选项，或者选择【图层】/【图层样式】命令，在展开的子菜单中选择需要的图层样式，打开"图层样式"对话框。对话框的左侧为样式，右侧为对应的参数，单击选中所需样式的复选框，然后设置参数，再单击 确定 按钮，完成图层样式的添加。Photoshop提供了多种图层样式，如图2-57所示，各样式介绍如下。

图2-57　图层样式

- 混合选项：用于控制图层、图层组与下方图层、图层组像素的混合方式。
- 斜面和浮雕：用于为图像添加雕像般的立体感。
- 描边：可以应用颜色、渐变或图案对图像边缘进行描边。
- 内阴影：用于对图像边缘内侧添加阴影效果。
- 内发光：用于沿着图像边缘内侧添加发光效果。
- 光泽：用于为图像添加光滑和有内部阴影的效果。
- 颜色叠加：用于为图像叠加自定义颜色。
- 渐变叠加：用于为图像叠加渐变色。
- 图案叠加：用于为图像叠加指定的图案。
- 外发光：用于沿着图像边缘外侧添加发光效果，与"内发光"样式相反。
- 投影：用于为图像添加投影效果。

2. 复制与粘贴图层样式

选择要复制的图层样式所在图层，单击鼠标右键，在弹出的快捷菜单中选择"拷贝图层样式"命令，再选择需要添加相同图层样式的图层，单击鼠标右键，在弹出的快捷菜单中选择"粘贴图层样式"，将为该图层添加一模一样的图层样式，若需调整图层样式参数，则再打开"图层样式"对话框调整参数。

3. 删除图层样式

删除图层样式的方法为：选择要删除的图层样式所在图层，单击鼠标右键，在弹出的快捷菜单中选择"清除图层样式"命令，将删除该图层上的全部图层样式。

2.4.6　图层混合模式

图层混合模式是指上方图层或图层组与下方图层或图层组中像素的混合方式，从而得到新的显示效果。应用图层混合模式的方法是：选择图层或图层组后，在"图层"面板左上角的"正常"下拉列表中选择所需的选项。图2-58所示为对矩形图层分别应用"线色加深"和"强光"混合模式的效果。

图2-58　应用"线色加深"和"强光"混合模式的效果

🔗 资源链接

Photoshop提供了27种图层混合模式，每个模式的作用详解可扫描右侧的二维码查看。

扫码看详情

技能
提升

某学习App的操作界面随着版本更新进行了重新制作，请结合本节内容回答下列问题。

（1）图2-59中左图为该学习App操作界面初始效果图，右图为优化后的效果图，请分析框选部分运用了什么图层混合模式或图层样式进行优化。

（2）根据提供的素材（素材位置：素材\第2章\学习App的操作界面\），结合本节知识点动手制作，从而验证分析结果。

高清彩图

图2-59　界面展示

2.5
文字的应用

使用Photoshop进行UI设计也离不开文字，文字工具组不但可以为UI设计作品添加需要的文字，还可以与其他工具搭配使用，制作图标、Logo等效果，除此之外，也可将文字转化为路径和形状，充当图形进行设计。

2.5.1 课堂案例——制作立体字 Logo

案例说明：某潮流购物网站准备制作一个立体字Logo用于各种界面设计中，要求尺寸为800像素×800像素，立体字以"M"为主要形状，搭配装饰元素，效果时尚、大方，参考效果如图2-60所示。

知识要点：横排文字工具；"字符"面板；"转换为形状"命令；图层样式。

素材位置：素材\第2章\立体字Logo\

效果位置：效果\第2章\立体字Logo.psd

具体操作步骤如下。

高清彩图

图2-60　参考效果

STEP 01 新建一个宽度为"800像素"、高度为"800像素"、分辨率为"72像素/英寸"、名称为"立体字Logo"的文件。然后置入"网格参考线.png"素材，调整素材的位置和大小，设置该图层不透明度为"30%"。

STEP 02 新建图层，然后选择"横排文字工具" **T**，在工具属性栏中设置字体为"方正大黑简体"、字号为"300点"、颜色为"#ffb400"，将鼠标指针移至图像编辑区，单击插入文字光标，在光标后输入"M"文字，如图2-61所示。

视频教学：
制作立体字
Logo

STEP 03 选择【窗口】/【字符】命令，打开"字符"面板，在"消除锯齿"下拉列表中选择"无"选项，使字体表面变光滑。

STEP 04 将鼠标指针移至文字图层上，单击鼠标右键，在弹出的快捷菜单中选择"转换为形状"命令，然后按【Ctrl+T】组合键进入自由变换模式，接着按【Ctrl】键不放，根据下方网格按住鼠标左键不放拖曳变换框四周，调整字母形状和大小，如图2-62所示。

STEP 05 复制"M"图层，双击"M 拷贝"左侧的图层缩览图，打开"拾色器（纯色）"对话框，设置颜色为"#2d4059"，单击 确定 按钮。然后调整该图像的位置，效果如图2-63所示。

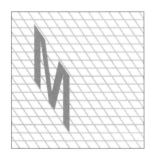

图2-61　输入文字

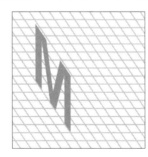

图2-62　变换形状和大小

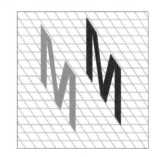

图2-63　复制和调整图层

STEP 06 新建图层，使用"多边形套索工具" ⟩沿着两个图形右侧边缘处绘制"M"字母的右侧面形状选区，然后为选区填充"#4e709c"颜色。重复操作，绘制"M"字母的两处顶面形状选区，并为选区填充"#f7cd69"颜色。此时"M"字母内面仍缺失形状，再重复操作，绘制内面区域，并为选区填充"#ea5455"颜色，效果如图2-64所示。若图像右下角存在缺失部分细节，则再新建图层，重复操作进行绘制。

STEP 07 新建图层，选择"椭圆选框工具"○，绘制圆形选区，设置填充颜色为"#eeeeee"，用与步骤4相同的方法，对该图像进行变形，然后调整该图像位置，效果如图2-65所示。

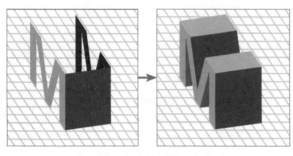

图2-64　绘制选区并填充颜色

图2-65　效果展示（1）

STEP 08 新建参考线，然后不断按【Ctrl+C】组合键和【Ctrl+V】组合键复制并粘贴位于"图层5"图层上的图像，调整粘贴后图像的位置和大小，直到布满"M"字母为止，效果如图2-66所示。将鼠标指针移至该图层名称空白区域，双击鼠标左键，打开"图层样式"对话框，单击选中"外发光"复选框，设置参数如图2-67所示，单击 确定 按钮。

STEP 09 置入"光晕.png"素材，调整素材位置和大小，设置图层混合模式为"滤色"，调整图层不透明度为"90%"，接着单击"网格参考线"图层前的 ◉ 按钮，效果如图2-68所示，最后保存文件，完成制作。

图2-66　效果展示（2）

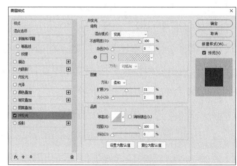

图2-67　添加"外发光"图层样式

图2-68　完成效果展示

2.5.2　文字工具组

文字工具组中的"横排文字工具"**T**用于输入横向排列的点文字与段落文字，如图2-69所示；"竖排文字工具"**IT**用于创建竖向排列的点文字和段落文字，如图2-70所示。

图2-69　使用横排文字工具输入文字

图2-70　使用竖排文字工具输入文字

选择文字工具后，将鼠标指针移至图像编辑区内，单击插入文字光标，在光标后输入的文字即为点文字，点文字一般字量较少，可作标题使用。选择文字工具后，将鼠标指针移至图像编辑区内，按住鼠标左键不放拖曳鼠标框选某区域，该区域变为文本框，在文本框内输入的文字即为段落文字。

输入文字的方法为：选择文字工具，在工具属性栏（见图2-71）中设置文字的字体、字体大小和文字颜色等参数，然后在图像编辑区内输入文字，接着在工具属性栏中单击✓按钮，或者按【Ctrl+Enter】组合键，结束输入状态完成操作；若单击◉按钮，则取消文字输入操作。

图2-71　文字工具的工具属性栏

提示

当创建的文本框不符合实际需要时，设计人员可以将鼠标指针移至文本框四周，鼠标指针变为↕或↔状态时，按住鼠标左键不放拖曳文本框四周，可调整文本框的宽度和高度。

2.5.3　设置文字属性

在Photoshop中除了选择文字工具后，在工具属性栏中设置文字的属性外，还可以利用"字符"面板和"段落"面板调整已输入文字的属性。

1. 设置字符属性

选择【窗口】/【字符】命令，打开"字符"面板，选中文字后可设置该文字的字符属性。下面介绍"字符"面板（见图2-72）中常用的字符属性。

- 字体 方正大黑简体 ：用于设置文字的字体。
- 字号 T：用于设置文字字号。选择文字后，可在下拉列表中选择所需的字号，也可在数字框中输入字号，设置所选择文字的字号。
- 行距 ：用于设置两行文字间的距离。使用方式与字号类似，也可按【Alt+↑】组合键或【Alt+↓】组合键设置行距。
- 字距调整 ：用于调整两个文字的间距。使用方式与字号类似，也可按【Alt+←】组合键或【Alt+→】组合键设置字距，正值代表扩大字符间距；负值代表缩小字符间距。
- 比例间距 ：用于设置所有选择文字的比例间距，数值越大，比例间距越大。

图2-72　"字符"面板

- 垂直缩放 T、水平缩放 T：用于设置文字垂直缩放、水平缩放的比例。
- 基线偏移 ：用于设置文字基数值。
- 颜色：用于设置文字的颜色，单击右侧色块，在打开的"拾色器（文本颜色）"对话框中选择所需的颜色。
- 特殊属性 T T TT Tr T¹ T₁ T T：分别用于设置仿粗体、仿斜体、全部大写、小型大写字母、上标、下标、下划线和删除线效果，仿粗体和仿斜体效果如图2-73所示。

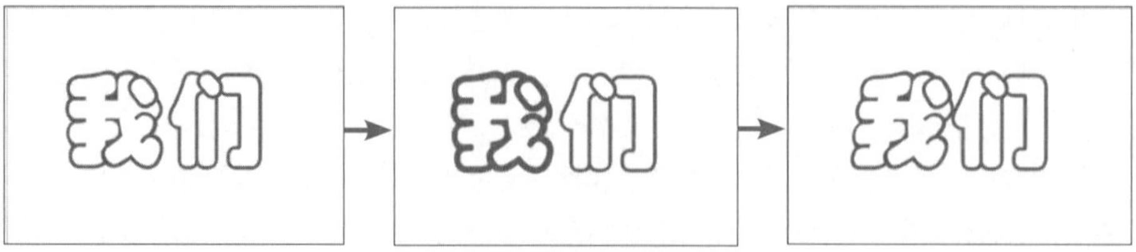

图2-73　仿粗体和仿斜体效果

● 消除锯齿 ⁿ̮：用于设置消除文字锯齿的方法。在该下拉列表中可选择一种消除锯齿的选项。

2．设置段落属性

选择【窗口】/【段落】命令，打开"段落"面板，选中段落文字，或者在需要调整的段落中单击，插入光标，可设置该段落文字的属性。下面介绍"段落"面板中常用的段落属性，如图2-74所示。

● 对齐：包括"左对齐"▤、"居中对齐"▤、"右对齐"▤、"最后一行左对齐"▤、"最后一行居中对齐"▤、"最后一行右对齐"▤和"全部对齐"▤7种方式，选择段落中的某行、某列或全部文字，单击对齐按钮，可按照对应的方式对齐文字。

● 缩进：用于设置段落边缘文字到文本框的距离，包括"左缩进"▸▥、"右缩进"▥◂和"首行缩进"▸▤，在数值框中输入数值可设置缩进量。

图2-74　"段落"面板

● 间距：用于更改段落间的间距，包括"段前添加空格"▤和"段后添加空格"▤，在数值框中输入数值，然后单击工具属性栏中的✔按钮，可设置上下段落间的距离，如图2-75所示。

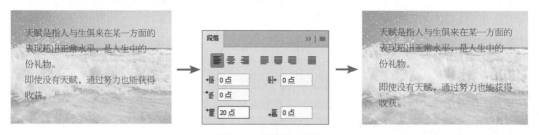

图2-75　设置段落间距

● 避头尾设置：用于设置段落中头尾文字的换行规则，在该下拉列表中选择所需的规则选项即可。

● 标点挤压：用于设置文字与标点符号的间距，在该下拉列表中选择所需的选项即可。

● 连字：单击选中"连字"复选框，自动用连字符连接段落文字。

2.5.4　转换文字属性

在Photoshop中输入文字将自动创建文字图层，但文字图层上的文字因自身图层性质的限制，不能直接运用一些效果，所以需要先转换文字，再为文字添加效果或对文字进行变形等，从而为UI设计效果添加别样的风采。转换文字的常见操作有栅格化文字、将文字转换为路径和将文字转换为形状。

1. 栅格化文字

栅格化文字就是把文字图层转换为普通图层，这是因为文字图层不能运用Photoshop中的所有工具或功能，要在文字图层上添加滤镜等效果，必须先执行栅格化操作。

栅格化文字的方法为：选择文字图层，再选择【文字】/【栅格化文字图层】命令；或者在图层上单击鼠标右键，在弹出的快捷菜单中选择"栅格化文字"命令。

2. 将文字转换为路径

将文字转换为路径的方法为：选择文字图层，再选择【文字】/【创建工作路径】命令，可以得到与文字轮廓相同的路径，然后对其进行描边等处理，如图2-76所示。

图2-76 将文字转换为路径

3. 将文字转换为形状

将文字转换为形状就是将文字图层转换为形状图层，从而转换文字属性。将文字转换为形状的方法为：选择文字图层，再选择【文字】/【转换为形状】命令，此时可得到与文字轮廓相同的形状，然后可以对文字形状进行自由变形，常用于制作艺术字体，如图2-77所示。

图2-77 将文字转换为形状

技能提升

图2-78所示为某UI设计师为"书法"App制作的登录界面及该文件的图层，主体图像由"书法"字体转换的形状构成。请使用提供的素材（素材位置：素材\第2章\书法App登录界面\），结合本节相关知识，选择喜欢的字体，动手尝试制作。

高清彩图

图2-78 "书法"App登录界面

课堂实训

2.6.1 制作"星韵"软件详细信息页

1. 实训背景

某公司开发了一款以观赏星象照片为主要功能的"星韵"软件,准备为软件制作详细信息页,用于展示软件的列表视图和内容视图。为了提升展示效果,切合软件主题,采用星空图像作为界面背景,界面大小为1920像素×1080像素,整体布局简洁、整齐,营造出智能感、科技感。

2. 实训思路

(1)确定色调。界面背景采用深色的星空图像,为了突出界面内容,可采用以白色为主的图标,搭配浅色系的内容视图栏,并且为了区分背景图像与列表视图,在背景图像上制作透明度较低的矩形,如图2-79所示。

(2)规划布局。将软件控制按钮置于顶部,导航栏置于控制按钮下方,列表视图置于界面左侧,内容视图置于界面中部与右侧,且整体占比超过70%,便于展示软件内容。

高清彩图

(3)挑选元素。界面中的文字采用较为方正的字体,方便用户观看;内容视图中的图像应选择与背景图像色调较为相似的图像,提升界面的统一感;重点文字下方使用蓝色矩形形状,以衬托文字。

本实训的参考效果如图2-80所示。

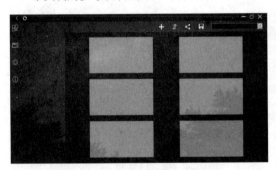

图2-79 确定色调

图2-80 参考效果

素材所在位置: 素材\第2章\"星韵"软件详细信息页\
效果所在位置: 效果\第2章\"星韵"软件详细信息页.psd

3. 步骤提示

STEP 01 新建尺寸为"1920像素×1080像素"、分辨率为"72像素/英寸"、名称为"'星韵'软件详细信息页"的文件。

视频教学:
制作"星韵"
软件详细信息页

STEP 02 置入"星星.jpg"素材,调整素材大小和位置。新建图层,选择"矩形选框工具" ▢,绘制矩形选区,为选区填充"#ffffff"颜色,设置图层的不透明度为"20%"。

STEP 03 打开"素材.psd"文件，将"导航"图层组复制到"'星韵'软件详细信息页"文件中，调整图层组内图像的位置与大小，将图像移至绘制的水平矩形图像上，然后选择"横排文字工具" **T**，设置字体为"方正博雅刊宋_GBK"、字号为"24点"、颜色为"#ffffff"，输入"搜索内容"文字，完成导航栏区域的制作。

STEP 04 将"素材.psd"文件中的"列表"图层组复制到"'星韵'软件详细信息页"文件中，调整该组内图像的位置和大小，将其移至左侧列表视图区域。

STEP 05 选择"横排文字工具" **T**，保持文字参数不变，输入"文本.txt"素材中的文字。然后选择文字图层，选择【图层】/【对齐】/【左边】命令，将文字左对齐；再选择【图层】/【分布】/【垂直】命令，调整文字的间距。

STEP 06 在"流星雨"图层下方新建图层，使用"矩形选框工具" ▣ 绘制矩形选区，为选区填充"#5593c4"颜色。再选择"流星雨"文字，打开"字符"面板，单击"仿粗体"按钮 **T**。

STEP 07 将"素材.psd"文件中的"内容"图层组复制到"'星韵'软件详细信息页"文件中，然后选择"横排文字工具" **T**，设置字体颜色为"#000000"，其他字体参数不变，在复制的图层组中输入"文本.txt"素材中的文字。接着选择该图层组，选择"移动工具" ✥，在工具属性栏"自动选择"复选框右侧的下拉列表中选择"组"选项，按住【Alt】键不放，向右拖曳该图层组进行复制，重复复制操作，得到5个复制的图层组后，对它们的位置进行调整。

STEP 08 置入"流星雨1.jpg~流星雨6.jpg"素材，依次调整素材的位置和大小，使其完全覆盖步骤7涉及的图层组中的"规格"图层，再修改其余5个图层组内的文字，最后保存文件。

2.6.2　制作社交软件聊天页

1. 实训背景

某个专注分享美食与社交的软件要重新制作聊天页界面，以用于新版本更新。为了切合软件主题，界面采用暖色调，界面大小为1920像素×1080像素，以营造出温暖、亲和的整体氛围。

2. 实训思路

（1）规划分区。聊天页界面的主要功能是促进用户互相交流，因此可将交流区域放置在中间，底部是交流工具区；顶部左侧是查找好友区，下方是申请消息提示区；顶部中间是功能区，用于显示好友分类以及个人设置等；顶部右侧是个人资料区，下方是好友列表区，用于显示好友信息，如图2-81所示。

（2）统一色调。界面采用暖色调，为了区分不同区域，这里可采用同一色调、不同深浅的颜色区分区域，需要强调的区域为最深的颜色，其他区域采用白色和灰色，使整体界面显示效果更加简洁、清晰，方便用户互相交流。

（3）挑选元素。聊天页界面作为用户发布信息的界面，不需要过多图像素材点缀，可选择极简的图标和几何形聊天框。

本实训的参考效果如图2-82所示。

素材所在位置： 素材\第2章\社交软件聊天页\

效果所在位置： 效果\第2章\社交软件聊天页.psd

高清彩图

查找好友区	功能区	个人资料区
申请消息提示区	交流区域	好友列表区
	交流工具区	

图2-81　规划分区

图2-82　参考效果

3. 步骤提示

STEP 01 新建尺寸为"1920像素×1080像素"、分辨率为"72像素/英寸"、名称为"社交软件聊天页"的文件。

STEP 02 选择【视图】/【新建参考线】命令，打开"新建参考线"对话框，单击选中"垂直"单选按钮，在"位置"数值框中输入"530像素"，单击 确定 按钮，创建参考线；重复操作，继续在1380像素处创建一条垂直参考线，分别在130像素和900像素处创建两条水平参考线，完成布局。

视频教学：
制作社交软件
聊天页

STEP 03 新建图层，选择"矩形选框工具" □，沿着左侧垂直参考线和顶层水平参考线绘制矩形选区，并填充"#ffaa64"颜色。然后为该图层添加"渐变叠加"图形样式，设置混合模式、不透明度、渐变样式和角度分别为"颜色加深、76%、线性、0度"，单击 确定 按钮。

STEP 04 选择"横排文字工具" T，在工具属性栏中设置字体为"思源黑体_CN"、字号为"24点"，输入"文本.txt"素材中的文字。然后选择"记忆深处"文字，修改字号为"27点"。置入"头像.png"素材，调整素材大小和位置，为该图层添加"描边"图层样式，设置大小为"3像素"、颜色为"#ffffff"。选择步骤3和步骤4涉及的图层，创建图层组。

STEP 05 用与步骤3相同的方法，在顶部空白区域绘制矩形，并填充"#fff5a5"颜色，接着置入"搜索.png"和"信息.png"素材，调整素材位置和大小，再使用"横排文字工具" T在两个素材图像之间输入"查找好友"文字，保持文字字体和字号不变，设置颜色为"#fe8d4a"。

STEP 06 置入"左侧联系人.png"素材，调整素材大小和位置，将其放置界面左侧区域内；置入"当前在线.png"素材，调整素材大小和位置，将其放置在界面右侧区域内，然后将该图层移至"左侧联系人"图层下方；置入"聊天栏.png"素材，调整素材大小和位置，将其放置在两处垂直参考线与底部水平参考线交界区域。

STEP 07 置入"好友消息.png"素材，调整素材大小和位置，将其放置在中间空白区域的顶部，选择"横排文字工具" T，按住鼠标左键不放拖曳鼠标，在文本框中输入"文本.txt"素材中的文字，保持文字字体不变，设置字号为"22点"、颜色为"#454545"，然后在"段落"面板中单击"左对齐文本"按钮 ■，选择"5分钟前"文字，在"字符"面板中设置行距为"48点"。

STEP 08 新建图层，使用"矩形选框工具" □ 在好友消息图像右下角绘制选区，并填充"#f1f5f8"颜色，然后按步骤7的方法，输入"文本.txt"素材中的文字，保持文字字体、颜色和字号不变，将段落文字左对齐，再选择"刚刚"文字，设置文字颜色为"#787878"、行距为"36点"。完成操作，保存文件。

2.7 课后练习

练习 1　制作科普网站着陆页

某科普网站准备发布保护海洋生物的相关内容，用于宣传环境保护，树立用户的环保意识，因此需要制作着陆页。要求着陆页尺寸为1920像素×1080像素，主体画面采用当下较为常用的扁平风格，配合文字与装饰元素，构成整个页面。制作时可以使用多边形套索工具、矩形选框工具和横排文字工具等，参考效果如图2-83所示。

高清彩图

图2-83　参考效果

素材所在位置：素材\第2章\着陆页\

效果所在位置：效果\第2章\"保护海洋生物"着陆页.psd

练习 2　制作旅游攻略 App 分类页

设计某旅游攻略App分类页的UI，尺寸为1080像素×1920像素。为了突出App主题，使用实景图像作为主题图像，配合文字和功能图标，使用户清楚地了解该页面的功能，参考效果如图2-84所示。

素材所在位置：素材\第2章\分类页\

效果所在位置：效果\第2章\旅游攻略App分类页.psd

高清彩图

图2-84　参考效果

第 **3** 章　绘制界面图形

在Photoshop中不仅可以选取图像、添加文字，还可以绘制界面上所需的图形，增加界面元素，丰富UI设计的视觉效果。

Photoshop按照所绘制图形的属性，将工具组分为矢量工具组和绘图工具组，矢量工具组适用于绘制矢量图形，绘图工具组适用于绘制位图，设计人员可根据实际需要选择合适的工具进行绘制。

📖 学习目标

　◎ 熟悉路径和编辑路径的相关知识
　◎ 掌握矢量工具组的使用方法
　◎ 掌握绘图工具组的使用方法

◇ 素养目标

　◎ 培养运用路径绘制形状的能力
　◎ 认真绘图，培养工匠精神
　◎ 提升在UI设计中运用渐变色彩的能力

◈ 案例展示

制作网站首页界面

制作网站读取界面

使用矢量工具组绘制图形

矢量工具组是运用Photoshop进行UI设计的常用工具，它在绘制图标和制作界面按钮方面具有较大优势，可以精准地绘制所需的图形形状，并且绘制的形状会自动生成形状图层，具有在放大状态下保持图形清晰的特点。这一特点可让绘制的图形在不同平台、不同设备上都保持清晰，维持界面的美观。

3.1.1　课堂案例——制作智能家居 App 活动页

案例说明：某智能家居App上新了一批智能电器，为了提升销量，商家决定以"科技改变生活"为主题策划一场营销活动。为配合活动需要设计App活动页，要求尺寸为1080像素×1920像素，界面布局简洁，内容排列整齐，风格符合App的智能家居定位，交互设计彰显人性化，以此突出主题，凸显科技的重要性，参考效果如图3-1所示。

知识要点：矩形工具；直线工具；椭圆工具。

素材位置：素材\第3章\智能家居App\

效果位置：效果\第3章\智能家居App活动页.psd

高清彩图

图3-1　参考效果

✍ 设计素养

设计未来、科技主题的界面时，设计人员可以使用镭射风格。镭射风格是科技风格的一个风格变种，也是科技下的视觉产物，相较于其他风格，具有明快、透气、质感强、色彩丰富等特点，给用户强大的感官冲击。

具体操作步骤如下。

STEP 01　新建一个宽为"1080像素"、高为"1920像素"、分辨率为"72像素/英寸"、名称为"智能家居App活动页"的文件。将"背景.png"素材、"导航栏.png"素材和"活动1.png"素材置入文件中，依次调整素材的位置与大小。

STEP 02　选择"矩形工具" ▭，在工具属性栏中设置描边颜色为"#e8e8e8"、描边宽度为"2像素"，在"描边类型"下拉列表中选择第1个选项，设置宽度和高度分别为"316像素"和"124像素"、圆角的半径为"14像素"，然后将鼠标指针移至图像编辑区，单击打开"创建矩形"对话框，单击 确定 按钮，图像编辑区内出现圆角矩形形状，调整形状的位置，如图3-2所示。

STEP 03　创建4条水平参考线，使参考线的位置分别与"活动1.png"素材中的文字顶部和底部对齐。选择"横排文字工具" T，在工具属性栏中设置字体为"思源黑体 CN"、字号为"40点"、颜色为"#e8e8e8"，输入"12:00"文字。设置字号为"30点"，其余参数保持不变，在"12:00"文字下方输入"即将开始"文字，然后调整两个文字位置，使其与参考线对齐，效果如图3-3所示。

视频教学：
制作智能家居
App 活动页

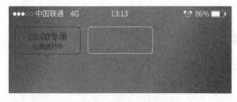

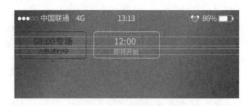

图3-2　绘制圆角矩形　　　　　　　　　　　　　　图3-3　效果展示（1）

STEP 04 选择步骤2和步骤3涉及的图层，为其创建图层组，并将图层组命名为"即将开始"，然后复制该图层组。创建参考线，调整新图层组内图像的位置，将"12:00"文字改为"16:00"文字。

STEP 05 选择"矩形工具" ▢，在工具属性栏中设置填充颜色为"#f2fafd"，在宽和高数值栏中分别输入"1090像素"和"1188像素"，然后将鼠标指针移至图像编辑区，单击打开"创建矩形"对话框，单击 确定 按钮，图像编辑区内出现矩形形状，调整形状的位置，将其放置在"背景.png"素材图像下方，如图3-4所示。

STEP 06 置入"配图.png"和"活动时间.png"素材，依次调整素材的位置和大小，效果如图3-5所示。选择"矩形工具" ▢，绘制一个颜色为"#ffffff"、尺寸为"1020像素×128像素"、圆角半径为"10像素"的圆角矩形，接着将该形状图层移至"活动时间"图层下方，如图3-6所示。

图3-4　绘制矩形　　　　图3-5　效果展示（2）　　　　图3-6　绘制矩形并调整图层

STEP 07 打开"产品信息.psd"文件，将所有图层复制到"智能家居App活动页.psd"文件中，并新建名为"产品信息"的图层组，将复制过来的图层移动到该图层组内。复制该图层组，然后打开"产品2信息.txt"文本素材，按照其中的文字内容修改新图层组内的文字信息，接着置入"照片2.png"素材，调整素材的位置与大小，使其与"照片1"图层中图像的位置和大小一致，再删去"照片1"图层，如图3-7所示。

STEP 08 选择"直线工具" ╱，设置描边颜色为"#a9a9a9"，将鼠标指针移至两个产品信息图像中间，按住鼠标左键不放，拖曳鼠标沿水平方向在两条垂直参考线之间绘制一条直线，如图3-8所示。

STEP 09 置入"菜单.png"素材，调整素材位置和大小，然后按【Ctrl+S】组合键保存文件，完成后的效果如图3-9所示。

图3-7 置入素材

图3-8 绘制直线

图3-9 效果展示

3.1.2 形状工具组

使用形状工具组可快速绘制具有规则形状的几何图形，它是UI设计中常用于按钮设计的工具组，包含"矩形工具"▢、"椭圆工具"⬭、"三角形工具"△、"多边形工具"⬡、"直线工具"╱和"自定形状工具"⬚6种工具。使用形状工具组中各工具绘制图形的方法基本一致，工具属性栏也大致相同。

1. 形状工具组的工具属性栏

图3-10所示为"矩形工具"▢的工具属性栏，其中各参数的作用如下。

图3-10 "矩形工具"的工具属性栏

- "形状"下拉列表：用于设置形状工具的绘制模式，包括形状、路径和像素模式。使用形状模式时，绘制的形状会自动按照设置的参数形成对应的形状图层。
- 填充：用于设置填充形状的颜色。
- 描边：用于设置形状描边的颜色、宽度和类型。
- 宽与高：用于设置形状的宽度和高度。
- "路径操作"按钮▢：用于设置形状彼此交互的方式，与运算路径同理。
- "路径对齐方式"按钮▤：用于设置形状的对齐与分布方式。
- "路径排列方式"按钮⬚：用于设置创建形状的堆叠顺序。
- "设置其他形状和路径选项"按钮✿：用于设置绘制形状时，路径在图像编辑区中显示的宽度和颜色等属性，以及约束选项。
- "设置圆角半径"按钮⌐：用于设置绘制矩形时4个角的圆角半径大小。
- "对齐边缘"复选框：用于将矢量形状边缘与像素网格对齐，便于精准定位所绘制形状的位置。

2. 各工具的使用方法

使用形状工具组绘制形状的方法大致相同，只需要选择所需的形状工具，将鼠标指针移至图像编辑区内，按住鼠标左键不放并拖曳鼠标，即可创建任意尺寸的形状。

（1）矩形工具

"矩形工具"▢用于绘制直角矩形图形和圆角矩形图形，圆角矩形图形是UI设计中按钮元素最常见的造型之一。

选择"矩形工具" ■，将鼠标指针移至图像编辑区内，单击打开"创建矩形"对话框，设置宽度和高度，单击 确定 按钮；或者在工具属性栏中单击"设置其他形状和路径选项"按钮 ■，在打开的下拉列表中单击选中"固定大小"单选按钮，然后在右侧的"W"和"H"数值框中输入数值，如图3-11所示，再将鼠标指针移至图像编辑区内，单击即可绘制对应尺寸的矩形。

图3-11　绘制固定尺寸的矩形

- 粗细：用于设置路径的粗细。设计人员可直接在右侧的数值框中输入数值，也可单击右侧的 ∨ 按钮，在打开的下拉列表中选择所需的选项。

- 颜色：用于设置路径颜色，包括10种颜色。

- "不受约束"单选按钮：默认选项，单击选中该单选按钮，可按住鼠标左键不放，在图像编辑区内拖曳鼠标绘制任意尺寸的矩形。

- "方形"单选按钮：单击选中该单选按钮，在图像编辑区内拖曳鼠标绘制的矩形为正方形，与按住【Shift】键不放绘制矩形的效果相同。

- "比例"单选按钮：单击选中该单选按钮，在后方的"W"和"H"数值框中输入长宽比值，在图像编辑区内单击并拖曳鼠标，可绘制对应比例的矩形。

- "从中心"复选框：单击选中该复选框，在绘制矩形时，将以单击时的位置为矩形的中心点，拖曳鼠标绘制的矩形由该中心点向四周扩展，效果如图3-12所示。取消该复选框，单击时的位置将作为所绘制矩形的一个边角，效果如图3-13所示。

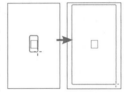

图3-12　效果展示（1）

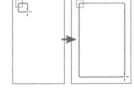

图3-13　效果展示（2）

疑难解答

使用"矩形工具" ■绘制矩形后，在矩形四周出现的 ◉ 图标有什么作用？

◉ 图标的作用是控制绘制形状所有圆角的半径大小。将鼠标指针移至任意一个 ◉ 图标上，按住鼠标左键不放并拖曳鼠标可调整圆角的半径，向图像外拖曳鼠标是缩小圆角半径，向内拖曳鼠标是扩大圆角半径，并且所有圆角的半径是同步改变的。

（2）椭圆工具

"椭圆工具" ◯用于绘制椭圆和圆，常用于绘制圆形图标的底托。选择"椭圆工具" ◯，将鼠标指针移至图像编辑区内，单击打开"创建椭圆"对话框，设置宽度和高度，单击 确定 按钮，即可绘制对应尺寸的椭圆，如图3-14所示。

选择"椭圆工具" ◯，在工具属性栏中单击"设置其他形状和路径选项"按钮 ■，在打开的下拉列表中单击选中"圆（绘制直径或半径）"单选按钮，如图3-15所示，将鼠标指针移至图像编辑区内，单击鼠标左键，打开"创建椭圆"对话框，设置宽度和高度，单击 确定 按钮；或者按住【Shift】键不放，在图像编辑区内拖曳鼠标，绘制圆。

图3-14　绘制椭圆　　　　　　　　　　　　　　图3-15　绘制圆

（3）三角形工具

"三角形工具" △用于绘制三角形。选择"三角形工具" △，将鼠标指针移至图像编辑区内，单击打开"创建三角形"对话框，设置宽度和高度，单击单击 确定 按钮，即可绘制三角形，如图3-16所示。

选择"三角形工具" △，在工具属性栏中单击"设置其他形状和路径选项"按钮🔧，在打开的下拉列表中单击选中"等边"单选按钮，然后将鼠标指针移至图像编辑区内，单击打开"创建三角形"对话框，设置宽度和高度，此时"等边"复选框已被单击选中，单击 确定 按钮，如图3-17所示；按住【Shift】键不放，拖曳鼠标也可绘制等边三角形。

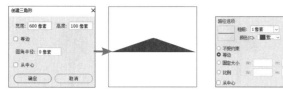

图3-16　绘制三角形　　　　　　　　　　　　　图3-17　绘制等边三角形

（4）多边形工具

"多边形工具" ⬡用于绘制多边形和星形。使用该工具绘制多边形的方法与"矩形工具" ▢、"椭圆工具" ⬭和"三角形工具" △的方法基本一致。绘制星形的方法为：选择"多边形工具" ⬡，在工具属性栏的"边"数值框中输入数值，设置边数或星形的点数和边数，单击"设置其他形状和路径选项"按钮🔧，在打开的下拉列表中设置相关参数，然后将鼠标指针移至图像编辑区内，单击鼠标左键，打开"创建多边形"对话框，设置宽度和高度，单击 确定 按钮，即可绘制星形，如图3-18所示。

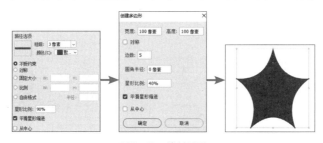

图3-18　绘制星形

● 星形比例：在"星形比例"数值框中输入数值，可调整星形比例的百分比，以此生成视觉效果美观的星形。

● "平滑星形缩进"复选框：单击选中"平滑星形缩进"复选框，可在缩进星形边缘轮廓的同时使边缘更加圆滑。

（5）直线工具

"直线工具" ╱用于绘制直线和带箭头的线段。选择"直线工具" ╱，在工具属性栏中单击"设置其他形状和路径选项"按钮🔧，在打开的下拉列表中设置相关参数（见图3-19），然后将鼠标指针移至图像编辑区，按住鼠标左键不放，拖曳鼠标即可绘制带箭头的线段。

图3-19 绘制带箭头的线段

- "实时形状控件"复选框：单击选中"实时形状控件"复选框可灵活调整和编辑形状的尺寸，方便随时修改形状的属性。
- "起点"复选框：单击选中"起点"复选框，可为所绘制直线的起点添加箭头。
- "终点"复选框：单击选中"终点"复选框，可为所绘制直线的终点添加箭头。
- "宽度"数值框：用于设置箭头宽度。
- "长度"数值框：用于设置箭头长度。
- "凹度"数值框：用于设置箭头尾部的凹陷程度，数值范围为-50%~50%。数值为0%时，箭头尾部齐平；数值大于0%时，箭头尾部向内凹陷；数值小于0%时，箭头尾部向外凹陷，如图3-20所示。

图3-20 凹度分别为0%、50%、-50%的效果展示

（6）自定形状工具

"自定形状工具"顾名思义就是用于绘制自定义形状的工具，包含Photoshop预设的形状和外部载入的形状。选择"自定形状工具"，在工具属性栏中的"形状"下拉列表中选择预设的形状；或者单击按钮，在打开的下拉列表中选择"导入形状"选项，打开"载入"对话框，选择要载入的形状，单击 载入(L) 按钮，该形状被添加至"形状"下拉列表中（见图3-21），将鼠标指针移至图像编辑区内，单击打开"自定义形状"对话框，设置宽度和高度，单击 确定 按钮，即可绘制自定义形状的图形。

图3-21 载入外部形状文件

🔔 **提示**

绘制完形状后，如需再次修改形状的属性，则选择【窗口】/【属性】命令，在打开的"属性"面板中修改相关参数即可调整形状。

3.1.3　课堂案例——制作音乐软件应用图标

案例说明：某音乐软件公司对软件版本进行更新，需要配合更新内容重新制作软件应用图标。为提升视觉效果，要求使用提供的素材，采用多色混合的配色彰显青春、活跃的品牌文化，突出音乐功能，参考效果如图3-22所示。

高清彩图

图3-22　参考效果

知识要点：矩形工具；钢笔工具；转换锚点工具；"路径"面板；网格；图层样式。

素材位置：素材\第3章\音乐软件应用图标\

效果位置：效果\第3章\音乐软件应用图标.psd

✍ **设计素养**

　　设计人员在设计应用图标时，应注意图像要准确体现图标的自身信息，设计应具有特色和创意，色彩丰富，但不宜超过64色，且配色要合理、美观。应用图标尺寸随着屏幕分辨率的提升，已逐渐启用128像素×128像素和256像素×256像素等尺寸进行制作。

具体操作步骤如下。

STEP 01 新建一个宽度为"400像素"、高度为"400像素"、分辨率为"72像素/英寸"、名称为"音乐软件应用图标"的文件。选择【编辑】/【首选项】/【参考线、网格和切片】命令，打开"首选项"对话框，在"网格"栏的"颜色"下拉列表中选择"黑色"选项，单击 确定 按钮。再选择【视图】/【显示】/【网格】命令，启用网格。

视频教学：
制作音乐软件
应用图标

STEP 02 选择"矩形工具" ▭，在工具属性栏中选择模式为"形状"，单击填充色块，在打开的下拉列表中单击"渐变"按钮▮，展开"橙色"渐变预设组，选择"橙色_01"渐变样式。将鼠标指针移至下方渐变色条左侧的色标上，双击鼠标左键，打开"拾色器（色标）"对话框，设置颜色为"#ffeedb"，单击 确定 按钮关闭对话框。重复操作，设置右侧色标为"#f6c76d"，设置旋转渐变角度为"162"，如图3-23所示。在工具属性栏中继续设置宽度为"256像素"、高度为"256像素"、圆角半径为"10像素"，再将鼠标指针移至图像编辑区，创建圆角矩形，效果如图3-24所示。

STEP 03 将鼠标指针移至矩形所在图层的空白区域，双击鼠标左键，打开"图层样式"对话框，单击选中"斜面和浮雕"复选框，设置深度为"272%"、大小为"13像素"、阴影颜色为"#f6a812"，如图3-25所示，单击 确定 按钮，完成添加图层样式。

STEP 04 使用与步骤2相同的方法，绘制一个填充颜色为"#fbc830、#f37335"、旋转渐变角度为"122"（见图3-26）、尺寸为"179像素×179像素"的圆，如图3-27所示。然后使用与步骤3相同的方法，为该图层添加"斜面和浮雕"图层样式，设置参数如图3-28所示。

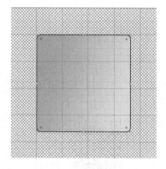
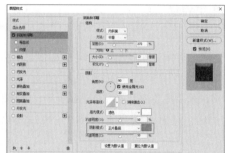

图3-23　调整渐变颜色参数（1）　　图3-24　效果展示（1）　　图3-25　添加"斜面和浮雕"图层样式（1）

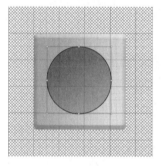
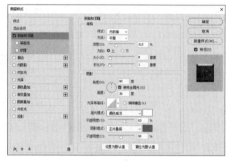

图3-26　调整渐变颜色参数（2）　　图3-27　效果展示（2）　　图3-28　添加"斜面和浮雕"图层样式（2）

STEP 05 置入"符号.jpg"素材，调整素材的位置与大小，将其放置在圆形状中间区域，并设置"符号"图层的不透明度为"37%"。新建图层，然后选择"钢笔工具" ，将鼠标指针移至"符号.jpg"素材图像的顶部，单击创建第一个锚点，沿顺时针方向勾勒素材边缘，创建第二个锚点，如图3-29所示。在第二个锚点下方单击，创建第3个锚点，并按住鼠标左键不放向右下角拖曳鼠标，绘制一条曲线路径，如图3-30所示。

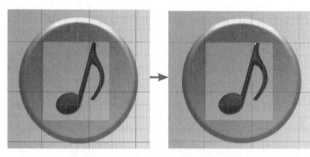

图3-29　创建第1个和第2个锚点　　　　　　　图3-30　创建第3个锚点

STEP 06 将鼠标指针移至距离第3个锚点下方两格处单击，创建第4个锚点，并按住鼠标左键不放，向左下角拖曳鼠标绘制一条曲线路径，如图3-31所示。重复操作创建第5个锚点，如图3-32所示。

STEP 07 此时需要调整控制柄的方向，使其朝向左侧，方便创建第6个锚点。选择"转换点工具" ，将鼠标指针移至第5个锚点的控制柄端点处，单击选中该端点，拖曳鼠标使控制柄朝向左侧，如图3-33所示。选择"钢笔工具" ，将鼠标指针移至第5个锚点左侧，单击鼠标左键创建第6个锚点。

图3-31 创建第4个锚点   图3-32 创建第5个锚点   图3-33 调整第5个锚点的控制柄朝向

STEP 08 使用与步骤5~步骤7相同的方法，继续绘制路径直到完全勾勒素材边缘，如图3-34所示。选择【窗口】/【路径】命令，打开"路径"面板，单击面板底部的"将路径作为选区载入"按钮，将路径转换为选区，为选区填充"#ffffff"颜色，按【Ctrl+D】组合键取消选区，效果如图3-35所示。

STEP 09 删除"符号"图层。使用与步骤4相同的方法为绘制的形状所在图层添加"斜面和浮雕"图层样式，将深度改为"136%"，其余参数保持不变；然后单击选中"投影"复选框，设置颜色、不透明度、角度、距离、扩展和大小分别为"#f36515、55%、90度、3像素、23%、2像素"，效果如图3-36所示。

图3-34 完成路径   图3-35 效果展示（1）   图3-36 添加图层样式

STEP 10 置入"符号2.png"和"符号3.png"素材，调整素材的位置和大小，然后复制"符号3.png"素材，调整素材大小和位置，如图3-37所示。

STEP 11 按【Ctrl+'】组合键取消网格，然后新建图层，使用"矩形工具"绘制一个与图像编辑区等大的、颜色为"#ffffff"的图层，并将该图层移动到"矩形"图层下方，如图3-38所示。然后按【Ctrl+S】组合键保存文件，完成效果如图3-39所示。

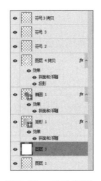

图3-37 置入素材   图3-38 移动图层   图3-39 效果展示（2）

3.1.4 路径

在Photoshop中，矢量形状的轮廓被称为路径，并且路径和选区能够互相转换，这样对于UI设计来说非常重要，方便创建各种形态的图像。

1. 认识路径

路径是一种矢量对象，它由线段、锚点和控制柄组成，如图3-40所示。每个线段都是一个路径组件，一个或多个形状不同且互相独立的路径组件可组成路径。路径可以是闭合的，如圆圈般看不出起点和终点，也可以是开放的，如线段般有明显的端点。

图3-40　路径的组成

- 线段：分为直线段和曲线段。
- 锚点：是指与路径相关的点，位于线段两端，常用□符号表示，当□符号变为■符号时，表示该锚点当前被选择。
- 控制柄：用于调整线段的方向和弯曲程度等。控制柄的两端为控制柄端点，拖曳两端的控制柄端点可改变控制柄的长度和朝向，同时改变线段的形状和弯曲程度。

2. "路径"面板

路径不是实体图像，不能保存在图层上，而是存储在特定的面板中，即"路径"面板中。"路径"面板不仅用于保存路径，还用于编辑和管理路径。选择【窗口】/【路径】命令，可打开"路径"面板（见图3-41）。

图3-41　"路径"面板

- "用前景色填充路径"按钮●：用于在当前图层为绘制的路径填充前景色。
- "用画笔描边路径"按钮○：用于为当前绘制的路径以前景色描边，描边的粗细程度由设置的画笔笔尖大小决定。
- "将路径作为选区载入"按钮⊙：用于将当前绘制的路径形状转换为选区。
- "从选区生成工作路径"按钮◇：用于将当前选区转换为路径。
- "添加矢量蒙版"按钮▣：用于将绘制的路径形状创建为矢量蒙版。
- "创建新路径"按钮⊡：用于创建新路径。
- "删除当前路径"按钮🗑：用于删除当前选择的路径。

3. 编辑路径

为了让路径符合设计需求，设计人员常常需要进行选择、修改、填充和描边路径等基础编辑操作，也包含运算路径和变换路径等高级编辑操作。

（1）基础编辑操作

基础编辑操作可在"路径"面板中进行，也可使用命令进行。

- 选择路径：使用"路径选择工具"▶可以选择完整路径。选择"路径选择工具"▶，将鼠标指针移至路径上任意部分，单击可选择完整的路径，实现移动完整的路径，如图3-42所示；使用"直接选择工具"▷可以选择路径中的线段、描点和控制柄部分。选择"直接选择工具"▷，将鼠标指针移至路径上任意部分，单击在该位置上的锚点呈实心状态，表示已被选中，其他位置上的锚点呈空心状态，表示未选择，如图3-43所示。

图3-42 选择完整路径　　　　　图3-43 选择部分路径

提示

无论使用哪种方式选择路径，当路径被选择后，都可以通过按住鼠标左键不放并拖曳的方式移动路径。但使用"直接选择工具"选择路径后，还可对该路径的锚点进行编辑，从而改变路径形状。

- 修改路径：修改路径可让路径的形状更符合要求。选择锚点后，拖曳控制柄调整线段的弯曲度和长度，如图3-44所示。

- 填充路径：除了单击"用前景色填充路径"按钮●外，也可在绘制路径后，在图像编辑区内单击鼠标右键，在弹出的快捷菜单中选择"填充路径"命令，打开"填充路径"对话框，在"内容"下拉列表中选择填充的颜色，单击确定按钮，完成路径填充。

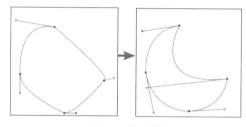

图3-44 修改路径

- 描边路径：除了单击"用画笔描边路径"按钮○外，绘制路径后，还可以在图像编辑区内单击鼠标右键，在弹出的快捷菜单中选择"描边路径"命令，打开"描边路径"对话框，在"工具"下拉列表中选择描边的工具，单击确定按钮，完成路径的描边。

（2）高级编辑操作

高级编辑操作不在"路径"面板中进行，其中的运算操作与第2章中的选区运算同理，都是建立在布尔运算的基础上，但变换路径是调整路径的大小和方向等参数。

- 运算路径：通过工具属性栏中"路径操作"下拉列表中的4个选项（见图3-45）进行，选择其中某个选项后选择"合并形状组件"选项，完成运算。其中的"合并形状"选项用于将两个路径合二为一，简称相加模式，类似于选区运算中的"添加到选区"，如图3-46所示；"减去顶层形状"选项用于将两个路径的重叠部分减去，简称相减模式，类似于选区运算中的"从选区减去"，如图3-47所示；"与形状区域相交"选项用于只保留两个路径的重叠部分，简称叠加模式，类似于选区运算中的"与选区交叉"，如图3-48所示；"排除重叠形状"选项用于只保留两个路径的非重叠部分。

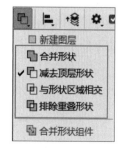

图3-45 运算路径

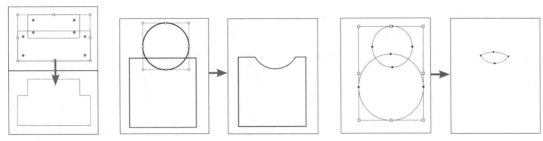

图3-46 合并形状   图3-47 减去顶层形状   图3-48 与形状区域相交

● 变换路径：选择路径后，按【Ctrl+T】组合键；或者单击鼠标右键，在弹出的快捷菜单中选择
"自由变换路径"命令，可调整路径的大小与方向。

3.1.5 钢笔工具组

钢笔工具组是图标设计的常用工具。使用钢笔工具组可绘制路径，对绘制的路径进行编辑，组成设
计人员需要的形状。钢笔工具组的工具属性栏与形状工具组的工具属性栏基本一致，在功能方面，"钢笔
工具" 、"自由钢笔工具" 和"弯度钢笔工具" 可视为主力工具，"添加锚点工具" ，"删除锚
点工具" 、"转换点工具" 可视为辅助工具。

1. 钢笔工具

"钢笔工具" 用于绘制直线路径和曲线路径。

（1）使用方法

选择"钢笔工具" ，将鼠标指针移至图像
编辑区，依次单击，可添加锚点，在锚点之间即
为直线路径，如图3-49所示。

选择"钢笔工具" ，将鼠标指针移至图像
编辑区，单击并拖曳鼠标，可添加带有控制柄的
锚点，继续单击并拖曳鼠标，在两个锚点之间将
产生曲线路径，如图3-50所示。

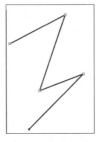

图3-49 绘制直线路径   图3-50 绘制曲线路径

（2）编辑方法

在绘制路径时，若锚点偏离了轮廓，则除了按【Ctrl+Z】组合键撤销此操作，也可以按住【Ctrl】
键切换为"直接选择工具" ，将锚点拖回到轮廓上，如图3-51所示。若要调整锚点控制柄方向，则按
住【Alt】键切换为"转换点工具" ，将锚点控制柄调整到想要的方向。

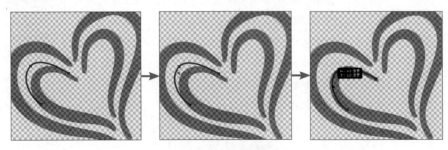

图3-51 编辑路径

（3）常见状态

使用"钢笔工具" 时，鼠标指针会随着路径和锚点的实际情况变换为不同状态，设计人员掌握这些状态的含义可以更高效地运用该工具绘制图形。

- ⬤ 状态：将鼠标指针移至路径以外时的状态。
- ⬤ 状态：当鼠标指针变为 状态时，在路径上单击可添加锚点。
- ⬤ 状态：当鼠标指针变为 状态时，在路径上单击可删除锚点。
- ⬤ 状态：当鼠标指针变为 状态时，在路径上单击并拖曳鼠标可新建一个具有两个端点的控制柄；单击新建只有一个端点的控制柄。
- ⬤ 状态：当鼠标指针变为 状态时，表示当前锚点是路径上的最后一个点，也是下一条路径开始绘制的起点。
- ⬤ 状态：将鼠标指针移至路径的起点上，鼠标指针将变为 状态，单击可闭合该路径。

> **疑难解答**
>
> 使用"钢笔工具" 绘制形状时，如何调整画面的显示比例与位置，以方便设计人员观察现状？
>
> 使用"钢笔工具" 进行绘制时，要调整位于图像编辑区中图像的显示比例，设计人员可以按【Ctrl++】组合键或【Ctrl+-】组合键对图像显示比例进行放大或缩小。按住空格键，鼠标指针呈 🖐 状态时，在图像编辑区中拖曳鼠标可移动画面的位置。

2. 自由钢笔工具

"自由钢笔工具" 用于绘制比较随意的路径，可自动添加锚点，无须多次单击来确定锚点位置。"自由钢笔工具" 与"钢笔工具" 相比，绘制的路径更自然，如图3-52所示。选择"自由钢笔工具" ，在工具属性栏中单击"设置其他形状和路径选项"按钮 ，在打开的下拉列表（见图3-53）中设置参数，然后将鼠标指针移至图像编辑区内，按住鼠标左键并拖曳鼠标，可沿着轨迹绘制路径。

图3-52 使用钢笔工具和自由钢笔工具绘制路径对比　　　　图3-53 下拉列表中的参数

- ⬤ 曲线拟合：用于设置绘制路径时拖曳鼠标的灵敏度。该值越大，自动添加的锚点越少，绘制的路径线条就越平滑。
- ⬤ "磁性的"复选框：单击选中"磁性的"复选框，可将自由钢笔工具切换为磁性钢笔工具，鼠标指针则由 状态切换为 状态，位于下方的4种参数也将被启用。
- ⬤ 宽度：用于设置磁性钢笔工具的监测范围，数值越大，监测范围就越大。
- ⬤ 对比：用于设置磁性钢笔工具对草图边缘像素的敏感度。

- 频率：用于设置绘制路径时添加锚点的频率，数值越大，添加的锚点越多。
- "钢笔压力"复选框：单击选中"钢笔压力"复选框，Photoshop根据压感笔的压力自动更改工具的监测范围。

3. 弯度钢笔工具

"弯度钢笔工具" 用于绘制平滑曲线路径和直线段。选择"弯度钢笔工具"，将鼠标指针移至图像编辑区内，单击创建第1个锚点，接着单击创建第2个锚点，两个锚点之间会产生直线路径，再单击创建第3个锚点，3个锚点之间的路径将自动调整为曲线路径，如图3-54所示。

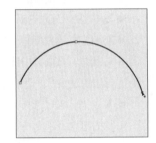

图3-54 弯度钢笔工具使用方法

4. 添加锚点工具

"添加锚点工具" 用于在绘制的路径上添加新锚点，如图3-55所示。选择"添加锚点工具"，将鼠标指针移至路径上，单击即可添加锚点。

5. 删除锚点工具

"删除锚点工具" 用于在绘制的路径上删除锚点。选择"删除锚点工具"，将鼠标指针移至要删除的锚点上，单击即可删除锚点。

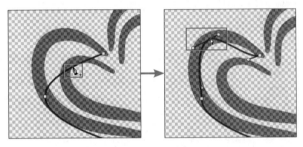

图3-55 添加锚点

6. 转换点工具

"转换点工具" 用于调整锚点上控制柄的方向，便于更改路径的弯曲程度和走向。使用"钢笔工具" 绘制路径时，按住【Alt】键不放可切换到"转换点工具"，松开【Alt】键后又自动切换为"钢笔工具"。

- 新增控制柄：选择"转换点工具"，将鼠标指针移至没有或者只有一条控制柄的端点上，单击并拖曳鼠标，可生成一条或两条新控制柄，如图3-56所示。
- 调整控制柄方向：选择"转换点工具"，将鼠标指针移至控制柄的端点上，单击并拖曳鼠标，可调整该控制柄的方向。

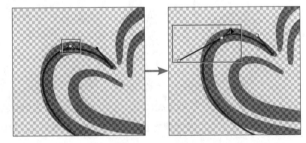

图3-56 新增控制柄

> 🔔 提示
>
> 锚点越少越好，这是因为使用较少的锚点绘制的路径更加平滑，形状边缘无锯齿，视觉观感更加美观。但是不能为减少锚点而删除必要的锚点，应尽量保留必要的锚点。

图3-57所示为利用形状工具组和
钢笔工具组制作的图标,尝试分析图
中框出的区域是采用什
么工具制作的,将答案
填在提示框中,并动手
尝试制作。

高清彩图

图3-57 图标

3.2 使用绘图工具组绘制图形

在Photoshop中除了使用矢量工具组绘制棱角分明的图形外,还可使用绘图工具组绘制边缘柔和的图形。绘图工具组按功能可分为画笔工具组、填充颜色工具组和橡皮擦工具,工具组内的工具各司其职,共同辅助设计人员进行绘制图形操作。

3.2.1 课堂案例——制作健身 App 登录页

案例说明:制作某健身App登录页,便于用户登录App;使用该App的完整功能,从而提升用户注册数量。要求尺寸为1080像素×1920像素,界面元素富有动感,色彩丰富,参考效果如图3-58所示。

知识要点:画笔工具;渐变工具;橡皮擦工具。

素材位置:素材\第3章\健身App登录页\

效果位置:效果\第3章\健身App登录页.psd

具体操作步骤如下。

STEP 01 新建一个宽度为"1080像素"、高度为
"1920像素"、分辨率为"72像素/英寸"、名称为"健
身App登录页"的文件。

高清彩图

图3-58 参考效果

STEP 02 选择"渐变工具" ,在工具属性栏中单击"渐变编辑器"下
拉列表右侧的 ∨ 按钮,在打开的下拉列表中展开"紫色"渐变组,单击"紫色_11"选项,如图3-59所
示。继续在工具属性栏中单击"菱形渐变"按钮 ■,然后将鼠标指针移至图像编辑区的左侧顶部,按住
鼠标左键不放向右下角拖曳鼠标,填充渐变色,效果如图3-60所示。

STEP **03** 在工具箱中单击"前景色色块"按钮▢，打开"拾色器（前景色）"对话框，设置颜色为"#ffffff"，单击 确定 按钮。新建图层，选择"画笔工具" ✐，在工具属性栏中单击"画笔"按钮右侧的 ∨ 按钮，打开"画笔"面板，选择"常规画笔"组内的"柔边圆"画笔类型，设置画笔的大小为"1102像素"。继续在工具属性栏中设置流量为"41%"，将鼠标指针移至图像编辑区右侧，单击绘制柔边圆，如图3-61所示。

视频教学：
制作健身 App
登录页

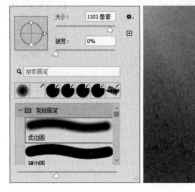

图3-59 选择渐变效果　　图3-60 效果展示　　图3-61 设置画笔参数绘制图形

STEP **04** 新建图层，选择"椭圆选框工具" ◯，将鼠标指针移至图像编辑区内，按住【Shift】键不放，拖曳鼠标绘制一个圆选区。然后选择"渐变工具" ▣，在工具属性栏中单击渐变色块，打开"渐变编辑器"对话框，在预设栏中展开"粉色"渐变组，单击"粉色_11"选项，再单击 确定 按钮。在工具属性栏中单击"线性渐变"按钮▣，将鼠标指针移至图像编辑区的选区范围处，拖曳鼠标填充渐变颜色，如图3-62所示。

STEP **05** 取消选区，设置该图层的不透明度为"56%"，复制该图层，得到"图层2 拷贝"图层，调整该图层中图像的大小和位置。按住【Ctrl】键不放，单击"图层2 拷贝"图层缩览图，该图像被自动创建为选区。打开"渐变编辑器"对话框，将鼠标指针移至色标起点处，单击激活色标，设置颜色为"#12c2e9"；重复操作依次修改色标中点的颜色为"#c471ed"、色标终点的颜色为"#f64f59"，单击 确定 按钮，为选区填充颜色，效果如图3-63所示。

STEP **06** 按与步骤5相同的方法，重复3次操作，分别将渐变颜色设置为"#59c173、#a17fe0、#5d26c1""#373b44、#4286f4、#5d26c1"和"#005aa7、#fffde4、#5d26c1"，保持色标终点颜色一致。图3-64所示为3次复制并修改颜色的效果。

STEP **07** 观察发现圆形视觉效果没有规律性，按照从上到下的方式，从最上层开始，将图层的不透明度依次修改为"23%、80%、65%、78%、53%"，效果如图3-65所示。

STEP **08** 新建图层，选择"矩形工具" ▭，将鼠标指针移至图像编辑区内，单击打开"创建矩形"对话框，设置宽度为"864像素"、高度为"1392像素"、圆角半径为"20像素"，单击 确定 按钮，创建矩形，然后调整矩形的位置，设置该图层的不透明度为"80%"，效果如图3-66所示。

STEP **09** 置入"登录.png"素材，调整素材位置和大小，然后按【Ctrl+S】组合键保存文件，完成后的效果如图3-67所示。

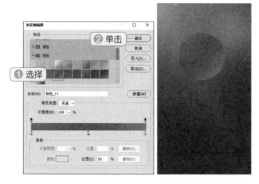

图3-62 添加渐变颜色

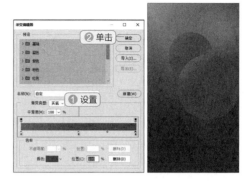

图3-63 编辑渐变效果

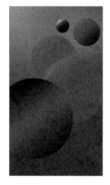

图3-64 效果展示

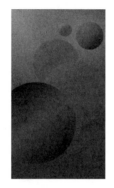

图3-65 修改图层不透明度

图3-66 绘制矩形

图3-67 完成效果

3.2.2 画笔工具组

画笔工具组包含"画笔工具"✍"和"铅笔工具"✏，这两种工具使用方法基本一致，可用于绘制图像，均将拾色器中的前景色作为绘制颜色。

1. 画笔工具

"画笔工具"✍用于绘制边缘柔和的图像。选择"画笔工具"✍，在工具属性栏（见图3-68）中设置画笔的大小、透明度等参数，然后将鼠标指针移至图像编辑区内，按住鼠标左键不放并拖曳鼠标进行涂抹，鼠标指针的轨迹处会出现线条。

图3-68 "画笔工具"的工具属性栏

- "画笔"按钮●：单击"画笔"按钮右侧的 ✓ 按钮，打开"画笔"面板，设置画笔的大小、硬度和样式。
- "画笔设置"按钮▣：单击"画笔设置"按钮▣，可以设置画笔笔尖状态，相较于"画笔"面板中设置的参数更加精细。
- "模式"下拉列表：用于设置画笔工具对当前图像中像素的作用方式，即当前设置的绘图颜色与原有底色之间的混合模式。
- 不透明度：用于设置画笔颜色的不透明度，其与图层的不透明度设置同理。

- ✐按钮：单击✐按钮，在使用压感笔时，压感笔的即时数据将自动覆盖"不透明度"设置；关闭时，由"画笔设置"面板控制压力。
- 流量：用于设置绘制时的流动速率，即画笔笔尖的压力程度，数值越大，笔触越浓。
- "喷枪工具"按钮✍：单击"喷枪工具"按钮✍，启动喷枪工具进行绘图。
- 平滑：用于设置画笔描边平滑度。
- "设置其他平滑选项"按钮✿：单击"设置其他平滑选项"按钮✿，在打开的下拉列表中可选择其他平滑选项。
- "设置画笔角度"按钮◿：用于设置画笔笔尖角度。
- 按钮：用于设置绘画的对称选项。

"画笔设置"面板提供了各种预设画笔，可以全面设置画笔参数。选择【窗口】/【画笔设置】命令，或者按【F5】键，打开"画笔设置"面板（见图3-69），在其中可以选择画笔笔尖形状，在右侧设置笔尖相关参数。

- 画笔按钮：单击 画笔 按钮，可切换到"画笔"面板。
- 画笔笔尖形状：用于在右侧显示栏中显示当前选中的画笔笔尖形状。
- "形状动态"复选框：用于调整画笔笔尖变化，可设置画笔的大小、角度和圆度等参数，从而产生随机效果。后方的🔓按钮表示当前复选框未被锁定，单击🔓按钮可切换锁定与未锁定状态。
- "散布"复选框：用于调整画笔散布和数量。
- "纹理"复选框：用于调整画笔纹理参数，让绘制的线条具有纹理质感。
- "双重画笔"复选框：用于调整双重画笔笔尖形状，即为画笔添加两种笔尖效果。
- "颜色动态"复选框：用于调整画笔笔迹的颜色变化。

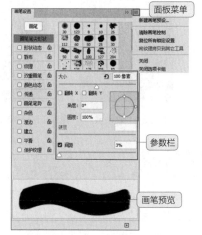

图3-69 "画笔设置"面板

- "传递"复选框：用于调整画笔笔迹的不透明度、流量、湿度和混合等参数。
- "画笔笔势"复选框：用于调整画笔的笔势参数，如倾斜、旋转和压力等。
- "杂色"复选框：用于向画笔笔尖添加杂色，为一些特殊画笔添加杂色效果。
- "湿边"复选框：用于强调画笔描边的边缘，可模拟水彩效果。
- "建立"复选框：用于模拟启动喷枪样式建立的效果，根据在某处按住鼠标左键的时长确定画笔的填充量。
- "平滑"复选框：用于启用鼠标路径的平滑处理，使运用画笔绘制线条时产生平滑的曲线。
- "保护纹理"复选框：用于在应用预设画笔时保留纹理图案。
- 参数栏：用于设置当前选中笔尖形状的笔触参数。
- 画笔预览：用于展示设置画笔参数后的笔尖绘制效果。
- "创建新画笔"按钮◪：单击"创建新画笔"按钮◪，可将当时设置的画笔参数保存为一个新画笔预设，新画笔预设会在"画笔"面板中显示。

单击"画笔设置"面板右上角的"面板菜单"按钮 ≡ ，在打开的下拉列表中可选择选项进行设置，各选项的功能如下。

- 新建画笔预设：与"创建新画笔"按钮 ⊞ 的功能同理，选择该选项，打开"新建画笔"对话框（见图3-70），设置参数，单击 确定 按钮，完成新建画笔预设。

图3-70 "新建画笔"对话框

- 清除画笔控制：用于一次性清除所有更改过的画笔参数设置。
- 复位所有锁定设置：用于一次性将所有锁定的复选框改为未锁定状态。
- 关闭：用于关闭"画笔设置"面板。
- 关闭选项卡组：用于关闭当前所有打开的浮动面板。

2. 铅笔工具

"铅笔工具" ✎ 主要用于绘制硬朗的线条。选择"铅笔工具" ✎ ，在工具属性栏（见图3-71）中设置画笔的大小、不透明度等参数，然后将鼠标指针移至图像编辑区内，按住鼠标左键不放并拖曳鼠标进行涂抹，沿着鼠标指针的轨迹会出现棱角分明的线条，线条的颜色也由当前拾色器中的前景色决定。

图3-71 "铅笔工具"的工具属性栏

单击选中"自动抹除"复选框，将鼠标指针的中心放在包含前景色的图像范围内可将该范围内的颜色涂抹为背景色，图3-72所示为在前景色为绿色、背景色为红色的情况下运用该功能的示意图。反之，将鼠标指针的中心放在不包含前景色的图像范围内可将该范围内的颜色涂抹为前景色。

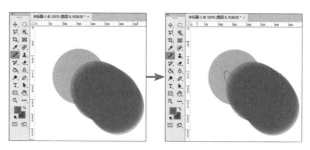

图3-72 使用"自动抹除"功能示意图

3.2.3 填充颜色工具组

填充颜色工具组包含"油漆桶工具" ⬧ 和"渐变工具" ▬ ，可以大范围为图像编辑区或者选区填充颜色。

1. 油漆桶工具

"油漆桶工具" ⬧ 用于为选区、图层填充前景色或图案。选择"油漆桶工具" ⬧ ，在工具属性栏（见图3-73）中设置参数，然后将鼠标指针移至图像编辑区内，单击即可进行填充。

图3-73 "油漆桶工具"的工具属性栏

- "前景"下拉列表：用于设置填充内容，包括"前景"和"图案"两种选项。使用"图案"模式时，设计人员可单击右侧的 ∨ 按钮，在打开的下拉列表中选择所需的图案选项。图3-74所示为使用"前景"模式和"图案"模式填充的不同效果展示图。

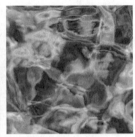

图3-74 使用"前景"模式和"图案"模式填充的效果

- 容差：用于设置填充的像素范围，数值越大，填充面积也越大。

- "消除锯齿"复选框：单击选中"消除锯齿"复选框，可平滑填充选区的边缘。

- "连续的"复选框：单击选中"连续的"复选框，将只填充与单击位置处的像素邻近的相似区域。

- "所有图层"复选框：单击选中该复选框，可以填充所有可见图层中相似的颜色区域。

2. 渐变工具

"渐变工具" ■ 与"油漆桶工具" ◇ 的功能类似，区别在于"渐变工具" ■ 可以同时填充多种颜色，如图3-75所示。相较于"油漆桶工具" ◇ 填充的色彩，"渐变工具" ■ 能带来更丰富的视觉体验。

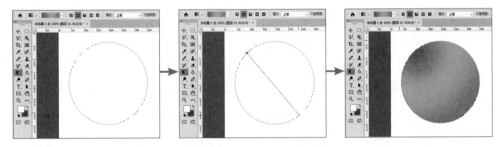

图3-75 使用"渐变工具"填充选区

（1）工具属性栏

选择"渐变工具" ■，在工具属性栏（见图3-76）中设置参数，然后将鼠标指针移至图像编辑区内，按住鼠标左键不放，拖曳鼠标，即可完成填充。

图3-76 "渐变工具"的工具属性栏

- "渐变编辑器"下拉列表：单击右侧的 ∨ 按钮，在打开的下拉列表中提供了12种预设的渐变颜色组，可在组内选择所需的颜色进行填充。

- "线性渐变"按钮 ■：用于填充以直线为起点和终点的渐变颜色。

- "径向渐变"按钮 ■：用于填充从起点到终点沿圆径向方向的渐变颜色。

- "角度渐变"按钮 ■：用于填充以起点为中心沿顺时针方向变化的渐变颜色。

- "对称渐变"按钮 ■：用于填充从起点两侧开始镜像的匀称线性渐变颜色。

- "菱形渐变"按钮 ■：用于填充以菱形方式从起点向外侧变化的渐变颜色。

- "反向"复选框：单击选中"反向"复选框，填充的渐变颜色与设置的渐变颜色相反。

- "仿色"复选框：单击选中"仿色"复选框，使用递色法来表现中间色调，可使渐变颜色融合得更加自然。

● "透明区域"复选框：单击选中"透明区域"复选框，可设置包含透明像素的渐变。

● "方法"下拉列表：用于设置渐变填充的方法，其中包含"线性""可感知"和"古典"选项。

（2）"渐变编辑器"对话框

除了使用Photoshop预设的渐变选项外，还可以单击工具属性栏中的渐变色条，打开"渐变编辑器"对话框（见图3-77），编辑渐变颜色。"渐变编辑器"对话框也能用于修改已填充的渐变颜色，便于设计人员观察填充效果，并及时调整渐变效果。

图3-77 "渐变编辑器"对话框

● 预设：用于显示Photoshop预设的渐变选项。单击 ✿ 按钮，在打开的下拉列表中可选择预设渐变颜色的显示方式。

● 名称：用于显示当前渐变颜色的名称。

● 渐变类型：用于设置渐变的类型，其中包括"实底"和"杂色"两种选项，"实底"是默认的渐变效果，"杂色"可指定范围内随机分布的颜色，使颜色更加丰富。图3-78所示图像中，左侧为使用"实底"选项填充的颜色，右侧为使用"杂色"选项填充的颜色。

● 平滑度：用于设置渐变颜色的平滑度。

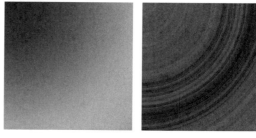

图3-78 使用"实底"类型和"杂色"类型填充的效果

● 色标栏：用于精准设置不透明度色标及色标的位置和颜色，中间的颜色条显示当前设置的效果。

3.2.4 橡皮擦工具

"橡皮擦工具" ⬬ 可擦除置入的素材，也可擦除使用画笔工具组绘制的线条和使用填充工具组填充的颜色，以便精准保留所需部分。"橡皮擦工具" ⬬ 是UI设计中常用的擦除工具。选择"橡皮擦工具" ⬬，在工具属性栏（见图3-79）中设置参数，然后将鼠标指针移至图像编辑区内，按住鼠标左键不放，拖曳鼠标，可擦除鼠标指针经过处的像素。

图3-79 "橡皮擦工具"的工具属性栏

● 不透明度：用于调整擦除的强度。数值越大，擦除效果越明显，在100%不透明度下可以擦除轨迹下的所有像素；数值越小，擦除效果越不明显。

● 流量：功能与不透明度的功能类似，用于调整擦除速度。数值越大，擦除的速度越快；反之，数值越小，擦除的速度越慢。

● "抹到历史记录"复选框：单击选中"抹到历史记录"复选框，抹除指定历史记录状态中的区域。

技能
提升

绘制波浪图形时，用画笔工具组绘制出的线条比用钢笔工具组绘制出的线条更加流畅，线条变化也更多。

（1）图3-80所示为利用绘图工具组绘制界面背景图，再结合提供的素材（素材位置：素材\第3章\网页界面\）制作的网站首页界面。

（2）观察图3-80发现背景效果有些单调，请尝试将单色背景替换为渐变色背景，再用Photoshop预设的画笔绘制装饰元素，制作出视觉效果更加丰富的网站首页界面。

高清彩图　　　　效果示例

图3-80　网站首页界面

3.3
课堂实训

3.3.1　制作商务系列图标

1. 实训背景

某设计公司准备推出商务系列图标，图标主题图像为日常办公内容，用于配合公司产品宣传的使用需求。为了提升图标视觉效果，采用渐变色作为图标色彩，图标图像简洁、具象，图标尺寸为256像素×256像素，营造出商务、高端的氛围。

2. 实训思路

（1）绘制图像。选择主题图像可从日常办公常见事物入手，设计人员可将笔记本电脑和文件夹等办公用品绘制成由几何形状构成的图形，如图3-81所示。

（2）选择配色。配色可选择同一色相不同明度的颜色作为渐变色，这样既丰富色彩，又避免色相不同部分的颜色分散注意力。

（3）参考风格。参考目前商务图标常用的微渐变风格，如图3-82所示，这样既能突出图标的层次感，又能引导用户将视线集中到主要内容上。

（4）增加细节。增加图标的细节可从质感入手，为图标部分区域添加噪点既能丰富层次，又能增加图标的立体感和质感，使图标的最终效果脱颖而出。

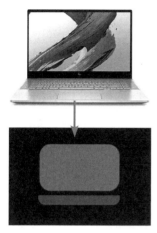 

图3-81 绘制图像

图3-82 微渐变风格

本实训的参考效果如图3-83所示。

高清彩图

图3-83 参考效果

效果所在位置：效果\第3章\商务系列图标.psd

3. 步骤提示

STEP 01 新建尺寸为"400像素×400像素"、分辨率为"72像素/英寸"、名称为"商务系列图标"的文件。

STEP 02 选择"椭圆工具" ⭕，在工具属性栏中设置填充颜色为"#c27bfe、#fd86b3"、旋转渐变角度为"133"，将鼠标指针移至图像编辑区内，单击鼠标左键，打开"创建椭圆"对话框，设置宽度为"256像素"、高度为"256像素"，单击 确定 按钮，完成圆的绘制，然后调整圆位置，使其位于图像编辑区的中心。

视频教学：制作商务系列图标

STEP 03 新建图层，选择"钢笔工具" ✒️，围绕圆图形的对角线绘制路径。打开"路径"面板，单击"将路径作为选区载入"按钮 ⊙。将前景色设置为"#ffffff"，再选择"油漆桶工具" 🪣，在工具属性栏中设置不透明度为"10%"，将鼠标指针移至选区范围内，单击填充颜色，然后取消选区。

STEP 04 选择"矩形工具" ⬛，设置圆角半径为"20像素"，在图像编辑区绘制一个尺寸为"145像素×82像素"的矩形，然后将图层的不透明度设置为"60%"。复制矩形所在图层，然后按住【Shift】

键不放，绘制一个长度大于现有矩形的矩形，在工具属性栏中单击"路径操作"按钮■，在打开的下拉列表中选择"减去顶层形状"选项，调整剩余矩形的位置，并将图层的不透明度设置为"48%"。

STEP 05 将前景色设置为"#c252f1"，选择"画笔工具"✐，在工具属性栏中设置画笔大小为"171像素"。单击"画笔预设"按钮◪，打开"画笔设置"面板，单击选中"杂色"复选框和"平滑"复选框，然后新建图层，将鼠标指针移至图标右下方，按住鼠标左键不放，拖曳鼠标进行涂抹。选择"橡皮擦工具"✐，将画笔工具涂抹出图标外的像素擦除。

STEP 06 用与步骤5相同的方法，设置前景色为"#f900a4"、画笔的大小为"275像素"，在图标左上角涂抹。然后使用"三角形工具"△绘制三角形，复制三角形并调整形状和大小，再分别设置三角形所在图层的不透明度，完成笔记本电脑图标的制作，将涉及的图层整理到"电脑"图层组中。

STEP 07 用与步骤2相同的方法绘制同样大小的圆，将圆的填充颜色设置为"#7b8afe、#b886fd"。用与步骤3相同的方法绘制选区，并填充颜色。

STEP 08 用与步骤4相同的方法，在图像编辑区绘制一个尺寸为"28像素×148像素"的直角矩形。然后按住【Shift】键不放，拖曳鼠标绘制一个尺寸为"14像素×14像素"的圆，在工具属性栏中单击"路径操作"按钮■，在打开的下拉列表中选择"减去顶层形状"选项，将图层的不透明度设置为"62%"。复制3次剩余的矩形图形，并调整图形的位置。

STEP 09 用与步骤5相同的方法，设置前景色为"#1362d8"，在图标右下角涂抹；设置前景色为"#f900a4"，在图标左上角涂抹。然后用与步骤6相同的方法绘制三角形，并依次调整三角形的不透明度。

STEP 10 新建名为"资料"的图层组，将步骤7~步骤9涉及的图层移动到该图层组中，最后保存文件。

3.3.2 制作社交软件语音通话界面

1. 实训背景

某PC端社交软件提供好友在线通话功能，使用该功能时会弹出语音通话界面，用于接听或取消通话。要求界面尺寸为720像素×480像素，界面显示通话好友的头像，便于用户分辨接线人。

2. 实训思路

（1）规划构图。界面的功能是在线通话，并需要显示通话好友的头像，因此可选择三角形构图方式，使通话好友头像位于三角形顶部端点，三角形底部两个端点分别放置挂断电话按钮和接听通话按钮，如图3-84所示。

（2）选择素材。该软件为社交软件，界面背景可选择经过处理的自然风光照片，贴近日常生活，符合社交软件定位，提升舒适感，如图3-85所示。

（3）绘制图像。该界面用于在线通话，因此界面无须过多图像素材点缀，只需极简的头像和控制是否通话的按钮。

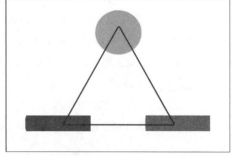

图3-84　规划构图

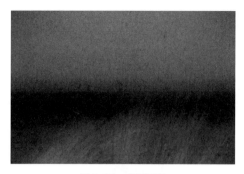

图3-85　选择元素

本实训的参考效果如图3-86所示。

图3-86　参考效果

高清彩图

素材所在位置：素材\第3章\社交软件语音通话界面\

效果所在位置：效果\第3章\社交软件语音通话界面.psd

3. 步骤提示

STEP 01 新建尺寸为"720像素×480像素"、分辨率为"72像素/英寸"、名称为"社交软件语音通话界面"的文件。置入"背景.jpg"素材，调整素材位置和大小。选择"矩形工具" ■，绘制一个填充颜色为"#000000"、尺寸为"654像素×454像素"、圆角半径为"20像素"的圆角矩形，并将该矩形所在图层的不透明度设置为"24%"。

视频教学：
制作社交软件
语音通话界面

STEP 02 选择"椭圆工具" ◎，绘制一个填充颜色为"#ffffff"、尺寸为"150像素×140像素"的椭圆形。双击该椭圆形状图层名称的空白区域，打开"图层样式"对话框，单击选中"投影"复选框，设置颜色、不透明度、角度、距离、扩展和大小分别为"#2a4f58、100%、126度、7像素、6%和9像素"，单击 确定 按钮。置入"头像.jpg"素材，调整素材的位置和大小，将其放置在椭圆形中。

STEP 03 选择"横排文字工具" T，在工具属性栏中设置字体为"方正北魏楷书简体"、字号为"24点"、颜色为"#ffffff"，输入"美食爱好者"文字。选择"直线工具" ✓，在文字下方绘制一条白色的直线。

STEP 04 选择"矩形工具" ■，绘制一个尺寸为"290像素×61像素"、填充颜色为"彩虹色_01"、圆角半径为"10像素"的圆角矩形。用与步骤2相同的方法为其添加"投影"图层样式，保持参数不变。

STEP 05 选择"钢笔工具" ⬡，绘制一个电话形状路径，然后将路径转换为选区，并为选区填充"#ff0000"颜色，再取消选区。选择"横排文字工具" **T**，设置字体为"思源黑体_CN"、字号为"26点"、颜色为"#ff0000"，输入"挂断通话"文字。将此步骤涉及的图层整理到"左"图层组中。

STEP 06 选择并复制"左"图层组，调整复制后图层组的位置与内容，将文字颜色修改为"#32d400"，文字内容修改为"接听通话"。为电话图像创建选区，将填充颜色修改为"#32d400"。将图层组名称修改为"右"，最后保存文件。

3.4
课后练习

练习 1 制作播放器图标

某影视网站需要制作播放器图标，用于操控视频的暂停与播放，便于用户控制播放进度。要求播放器图标尺寸为"128像素×128像素"；图标风格采用2.5D风格，使用画笔工具为图标添加噪点，使图标具有质感；色彩采用纯色，突出控制键；此外还可以结合椭圆工具和橡皮擦工具进行制作，参考效果如图3-87所示。

高清彩图

图3-87 参考效果

效果所在位置：效果\第3章\播放器图标.psd

练习 2 制作网页读取界面

某"森林保护"公益组织网站需要制作尺寸为"1920像素×1080像素"的读取界面，用于在网页读取用户登录数据时展示。为了突出"森林保护"的主题，使用画笔工具配合森林主题画面，构造雾霾笼罩森林的场景，提示用户爱护环境，保护大自然，参考效果如图3-88所示。

高清彩图

素材所在位置：素材\第3章\网页读取界面\

效果所在位置：效果\第3章\网页读取界面.psd

图3-88 参考效果

第4章

调整界面色彩

设计人员不仅可以使用Photoshop工具箱内的工具进行UI设计，还可以使用丰富的命令来调整界面色彩。例如，调整界面色彩的命令不但能对图像素材中的色彩进行校正，提升素材质量，还能对界面填充的色彩进行调整，提升整个界面的视觉效果，营造界面氛围。

Photoshop中的色彩调整命令包括调整明度、色相、饱和度及特殊调色4类，设计人员可根据实际需求使用合适的命令对界面色彩进行调整。

📖 学习目标

- ◎ 掌握调整色彩明度命令的使用方法
- ◎ 掌握调整色相及饱和度命令的使用方法
- ◎ 掌握特殊调色命令的使用方法

◇ 素养目标

- ◎ 培养在UI设计中运用色彩的能力
- ◎ 提升色彩认知能力

◈ 案例展示

制作香水网站首页商品推荐区

优化"新鲜花卉"网站商品详情页

调整明度

调整明度命令可以对色彩中的明度进行调整，增加或减少色彩的亮度，使其视觉效果更加鲜明或更加昏暗，从而营造出不同的氛围。设计人员可使用这类命令调整图片素材的明暗度，也可调整所绘制图形的色彩效果，从而提升作品的美观度。

4.1.1 课堂案例——优化美食 App 首页界面

案例说明： 某美食App首页界面一经使用便收到了大量用户反馈，普遍反映界面视觉效果不佳、部分文字显示不清晰、图片不美观等问题。因此，企业决定在保持原界面尺寸"1080像素×1920像素"不变的基础上，对界面元素进行优化升级，提升界面美观度，使其符合用户审美，参考效果如图4-1所示。

知识要点： 亮度/对比度；曝光度；阴影/高光。

素材位置： 素材\第4章\美食App首页界面.psd

效果位置： 效果\第4章\优化美食App首页界面.psd

高清彩图

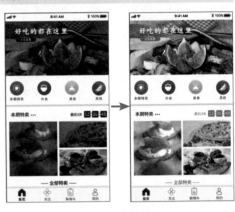

图4-1 参考效果

具体操作步骤如下。

STEP 01 打开"美食App首页界面.psd"文件，观察可知文字内容层级不清晰。选择【窗口】/【属性】命令，打开"属性"面板。将鼠标指针移至"图层"面板上，展开"活动时间"图层组，选择"最后3天"文字图层，将鼠标指针移至"属性"面板中的色块上，单击打开"拾色器（文本颜色）"对话框，设置颜色为"#15b7b9"，单击 确定 按钮，文字颜色自动变为设置的颜色，如图4-2所示。

视频教学：优化外卖 App 首页界面

STEP 02 使用与步骤1相同的方法将"活动时间"图层组中的两个"："文字图层的文字颜色修改为"#15b7b9"。将鼠标指针移至"圆角矩形 1"图层缩览图右下角的方块上，双击鼠标左键，打开"拾色器（纯色）"对话框，设置同样的颜色。接着将该图层组剩余的圆角矩形修改为同样的颜色，完成后折叠该图层组。

STEP 03 使用与步骤1和步骤2相同的方法，将"——全部特卖——"文字图层的文字颜色和"首图"图层组中的"圆角矩形"图层的形状颜色都修改为"#f57170"。

STEP 04 观察界面发现"首图"图片素材的明度微暗，与文字内容区分不明显。选择"首图"图层组中的"蔬菜"图层，接着选择【图像】/【调整】/【亮度/对比度】命令，打开"亮度/对比度"对话框，设置亮度为"32"、对比度为"-3"，单击 确定 按钮，如图4-3所示。

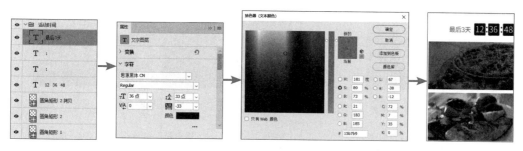

图4-2　修改文字颜色

图4-3　调整"蔬菜"图层中图像的色彩

STEP 05 观察界面发现左侧图片虽然颜色过暗，但图片中的亮部光源明显，需要提升中间调和暗部的亮度。展开"左"图层组，选择"点心"图层，接着选择【图像】/【调整】/【色阶】命令，打开"色阶"对话框，在"输入色阶"栏的数值框输入"0、1.44、173"，单击 确定 按钮，如图4-4所示。

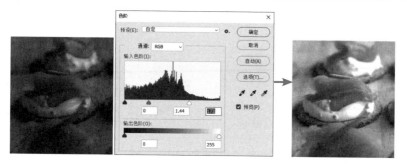

图4-4　调整"点心"图层上图像的色彩

STEP 06 观察界面发现右侧上方的图片颜色过暗，整体色彩不明显。展开"右上"图层组，选择"比萨"图层，接着选择【图像】/【调整】/【阴影/高光】命令，打开"阴影/高光"对话框，设置阴影为"100%"，单击 确定 按钮，校正阴影区域，效果如图4-5所示。

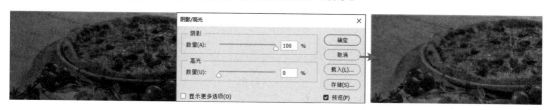

图4-5　校正"比萨"图层中图像的阴影区域

STEP 07 用与步骤4相同的方法为"比萨"图层调整明度，设置亮度为"93"、对比度为"-27"，效果如图4-6所示。重复操作，为"右下"图层组内的"肉"图层中的图像调整明度，设置亮度为"84"、对比度为"-38"，然后按【Ctrl+S】组合键保存文件。优化前后的对比效果如图4-7所示。

图 4-6　继续调整"比萨"图层的明度

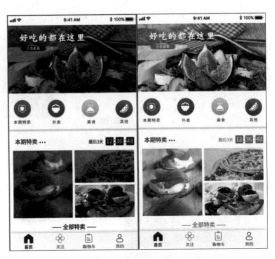

图 4-7　优化前后的对比效果

4.1.2　亮度 / 对比度

"亮度/对比度"命令用于调整明暗对比度。选择【图像】/【调整】/【亮度/对比度】命令，打开"亮度/对比度"对话框，在对话框的数值框中输入数值，或者拖动滑块，调整亮度与对比度参数，单击　确定　按钮完成调整，如图4-8所示。

图 4-8　使用"亮度/对比度"命令

- 亮度：用于调整色彩的明亮度。
- 对比度：用于调整色彩的对比度。
- "使用旧版"复选框：单击选中该复选框，可以切换到与Photoshop旧版本相同的调整结果。
- "预览"复选框：单击选中该复选框，可以在图像编辑区预览按当前参数进行调整后的效果。
- 自动(A)　按钮：单击　自动(A)　按钮，Photoshop会自动以0.5%的比例调整亮度和对比度。

4.1.3　色阶

"色阶"命令不仅用于调整明暗对比度，还用于调整高光、中间调和暗部，校正色彩范围和色彩平衡，调整色彩的明度。选择【图像】/【调整】/【色阶】命令，打开"色阶"对话框（见图4-9），调整参数，单击　确定　按钮完成调整。

- 预设：用于选择色阶预设，Photoshop提供8种预设参数，可直接运用。单击右侧的　按钮，可在打开的下拉列表中选择"存储预设"选项，将当前设置的参数保存为一个预设文件，以便下次使用；选择"载入预设"选项，可导入已保存的参数文件。

- 通道：用于选择要查看或调整的颜色通道。例如，选择 "RGB" 选项，调整整个图像色彩；选择 "红" 选项，只调整图像中红色的部分，适用于调整特定色彩，"绿" 和 "蓝" 选项同理。

- "输入色阶" 栏：用于设置图像的高光、中间调和暗部的参数，从而调整色彩。左侧黑色滑块 ■ 为 "调整阴影输入色阶"，又称黑场，用于调整图像暗部；中间灰色滑块 ▲ 为 "调整中间调输入色阶"，又称灰场，用于调整图像中间色调；右侧白色滑块 △ 为 "调整高光输入色阶"，又称白场，用于调整

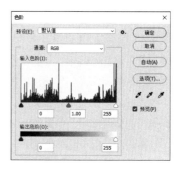

图4-9 "色阶"对话框

图像亮部。这3项都可以通过拖动滑块或者在下方数值框中输入数值来调整参数，如图4-10所示。

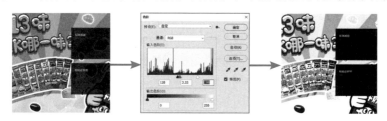

图4-10 使用"色阶"命令

- "输出色阶" 栏：用于限制亮度的范围，从而降低图像的对比度，使色彩产生褪色效果。第一个数值框内的参数用于提亮阴影，取值范围为0~255；第二个数值框内的参数用于降低亮度，取值范围为0~25。

- "在图像中取样以设置黑场" 按钮 ✔：单击该按钮，然后将鼠标指针移至图像编辑区内，单击鼠标左键，可将该区内所有像素的亮度值减去选取色的亮度值，使色彩变暗，效果如图4-11所示。

- "在图像中取样以设置灰场" 按钮 ✔：单击该按钮，然后将鼠标指针移至图像编辑区内，单击鼠标左键，可根据该位置上的像素亮度来调整其他位置上所有像素的亮度，常用于校正色彩。

- "在图像中取样以设置白场" 按钮 ✔：单击该按钮，然后将鼠标指针移至图像编辑区内，单击鼠标左键，可将该区内所有像素的亮度值加上选取色的亮度值，使色彩变亮，效果如图4-12所示。

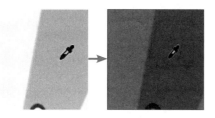

图4-11 色彩变暗效果展示

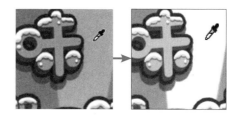

图4-12 色彩变亮效果展示

- 选项(T)... 按钮：单击该按钮，Photoshop将打开 "自动颜色校正选项" 对话框，在其中可以调整黑色像素和白色像素比例。

4.1.4 曲线

"曲线" 命令用于调整亮度、对比度，以及校正偏色。相较于 "色阶" 命令，"曲线" 命令调整得

更为精准，是Photoshop非常重要的功能之一。选择【图像】/【调整】/【曲线】命令，或者按【Ctrl＋M】组合键，都可打开"曲线"对话框（见图4-13），将鼠标指针移至图表中的曲线上，单击可增加一个调节点；按住鼠标左键不放并往上方拖曳可调整亮度；按住鼠标左键不放并往下方拖曳可调整对比度，单击 确定 按钮完成调整。

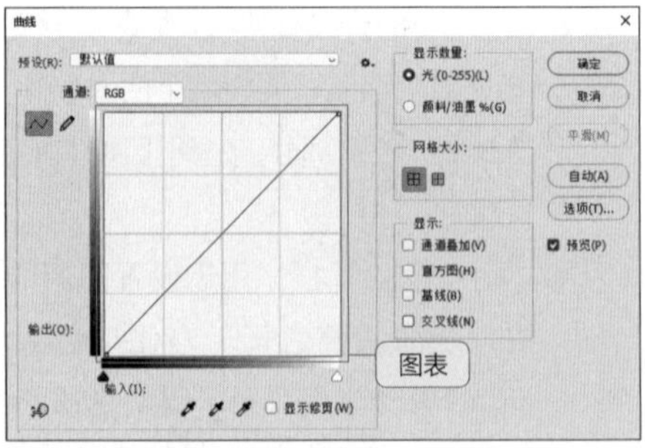

图 4-13 "曲线"对话框

- 预设：用于选择曲线预设。Photoshop提供9种预设参数，可直接运用。
- "编辑点以修改曲线"按钮 ～：用于在图表中的曲线上添加调整点。单击该按钮可以添加多个调整点实现精准调整，同样在不需要的调整点上单击可以按【Delete】键删除该调整点。
- "通过绘制来修改曲线"按钮 ✎：用于在图表中随意绘制需要的色调曲线。单击该按钮，然后将鼠标指针移至图表中，当鼠标指针变为 ✎ 状态时，可拖曳鼠标绘制色调曲线。
- 图表：横轴表示原色彩的亮度值，即输入值；纵轴表示处理后色彩的亮度值，即输出值。
- ✍ 按钮：单击该按钮，在曲线上单击并拖曳鼠标可修改曲线。
- "显示数量"栏：单击选中"光（0-255）"单选按钮，可显示光量（加色）；单击选中"颜料/油墨%"单选按钮，可显示颜料量（减色）。
- "网格大小"栏：单击"以四分之一色调增量显示简单网格"按钮 ⊞ 可以以1/4增量显示网格，该按钮是默认的网格选项；单击"以10%增量显示详细网格"按钮 ▦ 可以以10%增量显示网格，网格线更加精确。
- "通道叠加"复选框：单击选中该复选框，在图表中可同时查看红、蓝、绿颜色通道的曲线。
- "直方图"复选框：单击选中该复选框，可显示直方图作为参考，如图4-14所示。

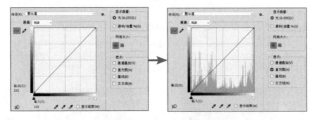

图 4-14 单击选中"直方图"复选框效果展示

- "基线"复选框：单击选中该复选框，可显示基线曲线值的对角线。
- "交叉线"复选框：单击选中该复选框，可显示确定点位置的交叉线。
- 平滑(M) 按钮：单击该按钮，可平滑处理使用"通过绘制来修改曲线"按钮 ✎ 绘制的曲线。

4.1.5 曝光度

"曝光度"命令通过对曝光度、位移和灰度系数的控制来增加或减少色彩的明度。选择【图像】/【调整】/【曝光度】命令，可打开"曝光度"对话框，调整参数，单击 确定 按钮完成调整，如图4-15所示。

图4-15 使用"曝光度"命令

- 预设：用于选择曝光度预设。Photoshop提供4种预设参数，可直接运用。
- 曝光度：在数值框中输入数值或拖动下方滑块，可调整色彩阴影区域的参数。
- 位移：在数值框中输入数值或拖动下方滑块，可调整色彩中间色调区域的参数。
- 灰度系数校正：在数值框中输入数值或拖动下方滑块，可调整色彩的灰度系数，数值越大，灰度越强。

4.1.6 阴影/高光

"阴影/高光"命令用于修复过亮或过暗的区域，展示更多细节。选择【图像】/【调整】/【阴影/高光】命令，可打开"阴影/高光"对话框，调整参数，单击 确定 按钮完成调整，如图4-16所示。

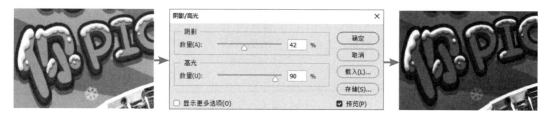

图4-16 使用"阴影/高光"命令

- "阴影"栏：在数值框中输入数值，可调整暗部色调。
- "高光"栏：在数值框中输入数值，可调整高光色调。
- "显示更多选项"复选框：单击选中该复选框，将显示全部的阴影和高光选项。

技能提升

调整明度命令不仅能调整图像的明暗度，还能使图像呈现出不同的色彩效果。图4-17所示为利用"曲线"命令和"色阶"命令调整网页图片（素材位置：素材\第4章\优化网页\）中绿通道的过程，请尝试调整。

高清彩图

图4-17 优化网页图片色彩的过程

4.2
调整色相及饱和度

调整色相及饱和度命令是对色彩的纯度和色相进行调整，使其在视觉上变为其他色彩。由于UI设计强调统一性和协调性，因此当某界面元素的色彩与其他元素搭配不和谐时，设计人员可通过调整色相及饱和度命令进行调整，使界面元素的色彩搭配更加和谐。

4.2.1 课堂案例——制作香水网站首页商品推荐区

案例说明：某香水品牌为推广商品，在网站首页添加商品推荐区模块，便于用户浏览首页时提升推荐商品的曝光度，增加销售额。要求网站尺寸由"1920像素×1080像素"变为"1920像素×2444像素"，商品推荐区位于原网站首页图下方，图片素材与原首页色彩和谐，参考效果如图4-18所示。

知识要点：画布大小；自然饱和度；色相/饱和度。

素材位置：素材\第4章\商品推荐区\

效果位置：效果\第4章\香水网站首页商品推荐区.psd

图4-18 参考效果

具体操作步骤如下。

STEP 01 打开"网站首页.psd"文件，选择【图像】/【画布大小】命令，打开"画布大小"对话框，设置高度为"2444像素"，将鼠标指针移至"定位"栏中第1排的中间方块上，单击，在"画布扩展颜色"下拉列表中选择"白色"选项，单击 确定 按钮，如图4-19所示。

STEP 02 为方便制作，先整理网站首页中的图层。按住【Shift】键不放，选中"装饰右"图层组和"图层 1"图层，创建新组，并命名为"原网站首页"。使用"横排文字工具" T 在网站首页下方区域输入"商品信息.txt"文档素材中的广告语和介绍文字，设置字体为"思源黑体 CN"、字体颜色为"#000000"、广告语字体大小为"34点"、介绍文字的字体大小为"16点"。

STEP 03 选择"矩形工具" ▭，绘制大小为"124像素×124像素"、填充颜色为"#023f67"的矩形，使用与步骤2相同的方法在绘制的矩形中输入"精巧"文字，保持字体不变，设置字体颜色为"#ffffff"、字体大小为"29点"。复制矩形和文字图层，调整位置并将文字信息改为"留香"。完成商品推荐区顶部区域的制作，将涉及的图层整理到"顶部"图层组内。

STEP 04 选择"矩形工具" ▭，在顶部文字左侧绘制大小为"44像素×5像素"、填充颜色为"#cfcfcf"的矩形。选择"横排文字工具" T，在矩形右侧输入"New arrival"文字，保持字体不变，字体颜色为"#7f7f7f"、字体大小为"56点"。重复操作，在文字下方输入"09/02"文字，保持字体和字体颜色不变，设置字体大小为"39点"。使用"椭圆工具" ⬤ 在"09/02"文字右侧绘制两个尺寸为

视频教学：
制作香水网站
首页商品推荐区

"10像素×10像素"、填充颜色为"#cfcfcf"的圆，效果如图4-20所示。

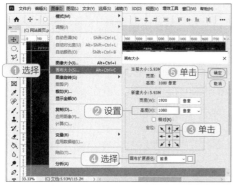

图4-19 添加商品推荐区画布

图4-20 效果展示(1)

STEP 05 使用"矩形工具"▢在步骤4文字下方绘制一个尺寸为"977像素×327像素"、填充颜色为"#023f67"的矩形，然后使用"横排文字工具"**T**在矩形上方输入"商品信息.txt"文档素材中的主打宣传语文字，保持字体不变，设置字体颜色为"#ffffff"、字体大小为"39点"。置入"3.png"素材，调整素材的位置和大小，并将该素材所在图层置于文字图层上方。

STEP 06 观察置入的素材，发现色彩效果不佳，饱和度较低，选择【图像】/【调整】/【自然饱和度】命令，打开"自然饱和度"对话框，设置参数如图4-21所示，单击 确定 按钮完成调整。

图4-21 调整饱和度

STEP 07 使用"横排文字工具"**T**在矩形右侧输入"商品信息.txt"文档素材中的商品1文字，保持字体不变，设置字体颜色为"#000000"，设置"香味内容"字体大小为"32点"，设置"介绍"字体大小为"16点"，效果如图4-22所示。重复操作，输入"查看详情"文字，并将字体颜色修改为"#023f67"，字体大小修改为"22"点，围绕该文字绘制一个尺寸为"120像素×45像素"、描边颜色为"#023f67"的矩形，完成中部区域的制作，效果如图4-23所示。将涉及的图层整理到"中部区域"图层组中。

图4-22 效果展示(2)

图4-23 中部区域效果展示

STEP 08 新建名称为"左"的图层组，使用"横排文字工具" **T** 在页面底部输入"商品信息.txt"文档素材中的商品2文字内容，保持字体和字体颜色不变，字体按照文档素材内的顺序依次为"22点、28点、58点"。复制该图层组并将名称修改为"右"，按照文档素材中的商品3文字内容修改文字。置入"1.png"和"2.png"素材，依次调整素材的位置和大小，如图4-24所示。

STEP 09 观察"1.png"素材，发现与右侧图片色调不协调。选择并栅格化该素材所在图层，选择【图像】/【调整】/【色相/饱和度】命令，打开"色相/饱和度"对话框，在"全图"下拉列表中选择"红色"选项，设置饱和度和明度分别为"+61、-13"，单击 确定 按钮完成调整，如图4-25所示。

图4-24 效果展示 　　　　　　　图4-25 使用"色相/饱和度"命令调整素材色彩

STEP 10 在步骤9内容的右侧绘制一个尺寸为"414像素×310像素"、填充颜色为"#023f67"的矩形，效果如图4-26所示。完成底部区域的制作，将涉及该区域的图层整理到"底部"图层组，按【Ctrl+S】组合键保存文件，并将名称改为"香水网站首页商品推荐区"，完成效果如图4-27所示。

图4-26 底部区域效果展示 　　　　　　　图4-27 最终效果展示

4.2.2　自然饱和度

"自然饱和度"命令用于增加色彩的饱和度，使色彩更加鲜明，防止颜色过于饱和而出现溢色现象。选择【图像】/【调整】/【自然饱和度】命令，打开"自然饱和度"对话框，在对话框的数值框中输入数值，或者拖动滑块，可调整自然饱和度与饱和度参数，单击 确定 按钮完成调整，如图4-28所示。

图4-28　使用"自然饱和度"命令

- 自然饱和度：用于调整失衡色彩的自然饱和度，本身饱和度较高的像素不会被调整，比饱和度更智能。数值越小，自然饱和度越低；数值越大，自然饱和度越高。
- 饱和度：用于调整当前所有色彩的饱和度。数值越小，饱和度越低；数值越大，饱和度越高。

疑难解答

"自然饱和度"对话框中的自然饱和度和饱和度参数有什么区别？应如何选择？

自然饱和度适合调整整体色调的饱和程度，也会自动保护已饱和的像素，只会调整饱和度较低的像素；饱和度适合调整颜色的鲜艳程度，调整对象为全部像素。

使用"自然饱和度"命令时，一般可先调整饱和度，再调整自然饱和度，数值都不能过高，以免造成色彩颜色不真实、过渡不自然、细节丢失等问题。

4.2.3　色相/饱和度

"色相/饱和度"命令用于调整所有像素或单个通道的色相、饱和度和亮度，从而改变色彩颜色，常用于处理不协调的色彩。选择【图像】/【调整】/【色相/饱和度】命令，或者按【Ctrl+U】组合键，打开"色相/饱和度"对话框，调整参数，单击 确定 按钮完成调整，如图4-29所示。

图4-29　使用"色相/饱和度"命令

- "全图"下拉列表："全图"下拉列表用于选择调整范围，Photoshop提供7种范围，"全图"是默认选项。色相、饱和度和明度可拖动下方的滑块或者在数值框中输入数值进行调整。
- 按钮：单击该按钮，可直接调整饱和度。先单击图像编辑区中某处像素取样，然后向右拖曳鼠标可增加饱和度，向左拖曳鼠标可降低饱和度。按住【Ctrl】键再单击某处像素取样，然后左右拖曳鼠标可调整色相。

● "着色"复选框：单击选中该复选框，可使用同种颜色替换原来的颜色，从而改变整体的颜色偏向。

4.2.4 课堂案例——制作 App 抽奖页

案例说明：某App为了配合春季促销活动，重新制作抽奖页。为了能够及时上线使用，商家决定在原页面的基础上修改与添加部分元素，突出"春季"活动主题，提升页面的美观程度，参考效果如图4-30所示。

知识要点：合并组；色彩平衡；照片滤镜；替换颜色。

素材位置：素材\第4章\App抽奖页.psd

效果位置：效果\第4章\App抽奖页.psd

高清彩图

图4-30　参考效果

> ✍ 设计素养
>
> 在 UI 设计中，往往需要制作多个不同配色方案的界面以供选择，但是对于庞大的源文件图层而言，依次更换元素色彩会浪费大量时间和精力，设计人员可灵活运用所学知识，快速替换界面色彩。

具体操作步骤如下。

STEP 01 打开"App抽奖页.psd"文件，观察可知界面主色调为红色，需要调整为具有春季氛围的绿色调。将鼠标指针移至"图层"面板，选择"背景"图层组，单击鼠标右键，在弹出的快捷菜单中选择"合并组"命令。

STEP 02 选择"背景"图层，再选择【图像】/【调整】/【替换颜色】命令，打开"替换颜色"对话框，设置颜色容差为"200"，选择"吸管工具"，将鼠标指针移至图像编辑区背景中，单击进行取样。单击选中"图像"单选按钮，设置色相、饱和度和明度分别为"＋135、−33、＋21"，单击 确定 按钮，如图4-31所示。

视频教学：
制作 App
抽奖页

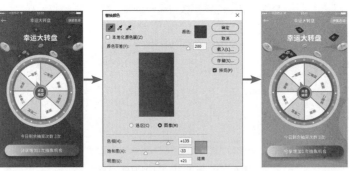

图4-31　替换背景颜色

STEP 03 观察发现背景色调偏暖，需要调整为冷色调，选择【图像】/【调整】/【照片滤镜】命令，打开"照片滤镜"对话框，在"滤镜"单选按钮右侧下拉列表中选择"Green"选项，设置密度为"35%"，取消"保留明度"复选框，单击 确定 按钮。再选择【图像】/【调整】/【亮度/对比度】命令，设置亮度为"15"、对比度为"18"，单击 确定 按钮，如图4-32所示。

图 4-32　调整色调

STEP 04 观察背景色彩发现绿色分布不均匀，高光部分绿色太少。选择【图像】/【调整】/【色彩平衡】命令，打开"色彩平衡"对话框，单击选中"阴影"单选按钮，设置青色、洋红和黄色的色阶分别为"＋44、＋16、−17"；单击选中"中间调"单选按钮，设置洋红和黄色的色阶分别为"＋34、＋77"，单击 确定 按钮，如图4-33所示。

STEP 05 使用与步骤1相同的方法，合并"状态栏"图层组内的图像。然后使用与步骤2相同的方法替换该图像颜色，设置明度为"−100"。展开"导航栏"图层组，选择"获奖名单"文字图层，打开"属性"面板，修改字体颜色为"#f87819"，此时界面效果如图4-34所示。

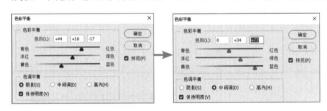

图 4-33　调整绿色的分布

图 4-34　效果展示

STEP 06 展开"转盘图像"图层组，选择"今日剩余……3次"文字图层，修改字体大小为"26点"，将鼠标指针移至"圆角矩形"图层名称的空白区域，双击鼠标左键，打开"图层样式"对话框，单击选中"投影"复选框，修改颜色、距离和大小分别为"#3c9c07、7像素、8像素"，单击 确定 按钮，效果如图4-35所示，然后折叠该图层组。

STEP 07 选择"装饰元素"图层，单击鼠标右键，在弹出的快捷菜单中选择"栅格化图层"命令，然后选择【图像】/【调整】/【替换颜色】命令，打开"替换颜色"对话框，设置颜色容差为"58"，单击选中"选区"单选按钮，将鼠标指针移至图像编辑区的金币投影位置，单击进行取样，然后设置色相、饱和度和明度分别为"＋73、＋33、−53"，单击 确定 按钮，如图4-36所示。

图 4-35　调整"投影"图层样式

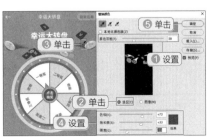

图 4-36　调整金币投影色彩

STEP 08 使用"矩形工具" ▣ 绘制大小为"754像素×1152像素"、填充颜色为"#377834"、圆角半径为"20像素"的圆角矩形。选择该圆角矩形图层，将其放置在"转盘图像"图层组下方，"背景"-图层上方，并设置图层的不透明度为"18%"，如图4-37所示。最后按【Ctrl+S】组合键保存文件，抽奖页制作前后的对比效果如图4-38所示。

图4-37 移动图层顺序

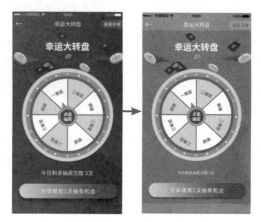

图4-38 制作前后的对比效果

4.2.5 色彩平衡

"色彩平衡"命令用于在原色彩的基础上根据需要添加其他色彩，使整体色彩的颜色分布更加平衡，从而改变色彩颜色，也常用于调整偏色的图片素材。选择【图像】/【调整】/【色彩平衡】命令，打开"色彩平衡"对话框，调整参数，单击 确定 按钮完成调整，如图4-39所示。

图4-39 使用"色彩平衡"命令

- "色彩平衡"栏：输入数值或拖动下方滑块可增加或减少"青色""洋红""黄色"在原色彩中的占比。
- "色调平衡"栏：用于选择着重进行调整的色彩范围。单击选中"阴影"单选按钮、"中间调"单选按钮、"高光"单选按钮，可对相应色调的像素进行调整；单击选中"保持明度"复选框，可保持色调不变，防止明度随颜色的变化发生改变。

🔔 **提示**

色调是指色彩外观的基本倾向，通常从明度、纯度、色相、冷暖这4个方面定义一幅图像的色调。当用冷暖描述一幅图像的色调时，可称该图像的色调为暖色调或冷色调。

4.2.6　照片滤镜

"照片滤镜"命令用于模拟传统光学滤镜效果，使原色调呈暖色调、冷色调或其他色调显示。选择【图像】/【调整】/【照片滤镜】命令，打开"照片滤镜"对话框，调整参数，单击 确定 按钮完成调整，如图4-40所示。

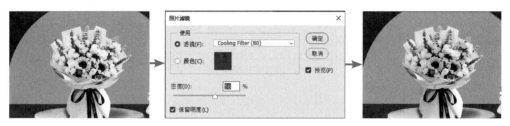

图4-40　使用"照片滤镜"命令

- "滤镜"单选按钮：单击选中该单选按钮，可在右侧的下拉列表中选择滤镜类型，Photoshop提供了21种滤镜。
- "颜色"单选按钮：单击选中该单选按钮，单击右侧的色块，可在打开的对话框中自定义滤镜的颜色。
- 密度：用于设置滤镜色彩的浓度。数值越小，浓度越低；数值越大，浓度越高。
- "保留明度"复选框：单击选中该复选框，可以保证在调整滤镜色彩时明度保持不变。

4.2.7　替换颜色

"替换颜色"命令用于设置和替换色彩。选择【图像】/【调整】/【替换颜色】命令，打开"替换颜色"对话框（见图4-41），调整参数，单击 确定 按钮完成调整。

- "吸管工具"按钮 ：单击该按钮，将鼠标指针移至图像编辑区中需要取样的位置，单击进行取样，从而提取需替换的色彩。默认选中该按钮。
- "添加到取样"按钮 ：单击该按钮，将鼠标指针移至图像编辑区中需要添加的色彩像素上，单击将其添加到之前的取样色彩中。
- "从取样中减去"按钮 ：单击该按钮，将鼠标指针移至图像编辑区中需要减去的色彩像素上，单击鼠标左键将其从取样色彩中减去。

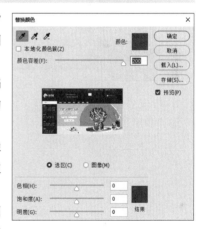

图4-41　"替换颜色"对话框

- "本地化颜色簇"复选框：用于取样相似且连续的色彩。单击选中该复选框，可使选择的范围更加精确。
- 颜色：用于显示当前取样的颜色。
- 颜色容差：用于控制取样色彩的选择范围。
- "选区"单选按钮：单击选中该单选按钮，可在预览区查看代表选区范围的蒙版，白色表示已选择，黑色表示未选择，灰色表示部分选择。

- "图像"单选按钮：单击选中该单选按钮，预览区显示当前图像内容。
- "结果"栏：用于调整替换色彩的参数。设计人员可拖动色相、饱和度和明度右侧的滑块，或者在数值框中输入数值，调整相应的参数。图4-42所示为拖动滑块替换按钮色彩的过程。另外，也可以单击"结果"色块，打开"拾色器（结果颜色）"对话框，设置需要替换为的色彩。

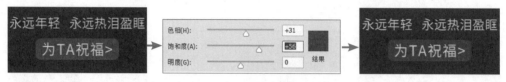

图4-42　替换按钮颜色的过程

技能提升

　　界面设计的发展趋势之一是在保持界面内容基本不变的情况下，根据采用的图片素材对网页的配色进行修改。这样既可以保持用户的新鲜感，又可以经常对网页设计进行更新，从而提升网页浏览量。图4-43所示为运用不同图片素材制作的网页界面。请根据提供的素材（素材位置：素材\第4章\网页配色\），结合本节所学内容，尝试制作不同配色的网页界面。

高清彩图

图4-43　用不同图片素材制作的网页界面

应用特殊调色命令

　　特殊调色命令不但能调整单个色彩，还能为单个色彩叠加多种色彩，以及制作黑白图像等特殊效果，适用于调整色彩单一的界面。

4.3.1　课堂案例——制作网页访问异常界面

　　案例说明：某天文网站近期用户访问量激增，造成服务器波动，经常出现网页内容显示不全、浏览卡顿等问题，因此设计人员决定制作访问异常界面，用于网站服务器波动期间提示用户刷新页面，再进行访问。要求该界面尺寸为"1920像素×1080像素"，界面图像美观，参考效果如图4-44所示。

知识要点：渐变映射；去色；匹配颜色。

素材位置：素材\第4章\网页访问异常界面\

效果位置：效果\第4章\网页访问异常界面.psd

高清彩图

图4-44　参考效果

设计素养

色调较深的界面往往会出现不易阅读、缺少吸引力等问题，但是深色模式界面逐渐成为夜间使用软件和网页的必备样式。在设计深色界面时，设计师应注意多使用留白，增强画面透气感；文字元素与背景元素对比要和谐；配色尽量使用单色、双色配色法，只保留1~2种色调。

具体操作步骤如下。

STEP 01　新建一个宽度为"1920像素"、高度为"1080像素"、分辨率为"72像素/英寸"、名称为"网页访问异常界面"的文件。置入"背景.jpg"图像素材，调整素材的位置和大小，使其布满整个图像编辑区。

STEP 02　观察界面发现背景色调过多，需要减少色调。选择并复制"背景"图层，然后栅格化该图层，选择【图像】/【调整】/【去色】命令，去除图像色彩，效果如图4-45所示。

视频教学：制作网页访问异常界面

 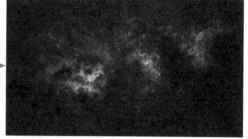

图4-45　去除图像色彩

STEP 03　打开"照片.jpg"素材文件，再切换回"网页访问异常界面.psd"文件。选择【图像】/【调整】/【匹配颜色】命令，打开"匹配颜色"对话框，在"源"下拉列表中选择"照片.jpg"选项，设置明亮度、颜色强度和渐隐分别为"64、69、65"，单击 确定 按钮完成调整，如图4-46所示。

STEP 04　选择【图像】/【调整】/【渐变映射】命令，打开"渐变映射"对话框，在"灰度映射所用的渐变"下拉列表中选择"蓝色"渐变图层组，再选择"蓝色_27"渐变样式，选择"方法"下拉列表中的"线性"选项，单击 确定 按钮完成调整，效果如图4-47所示。在"图层"面板中设置图层混合模式为"变暗"、图层的不透明度为"68%"。

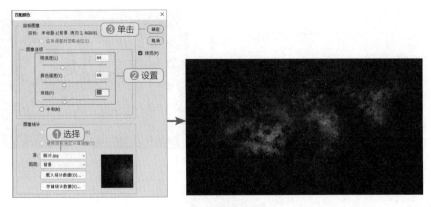

图4-46　匹配图像色彩

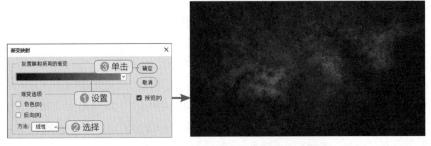

图4-47　使用"渐变映射"命令调整图像色彩

STEP 05　置入"导航栏.png""搜索栏.png"和"提示.png"图像素材，依次调整素材位置和大小。创建两条水平参考线，选择"矩形工具" ■，在"高清大图"文字下方绘制一个尺寸为"99像素×4像素"、填充颜色为"#ffffff"的矩形，效果如图4-48所示。

STEP 06　选择"横排文字工具" T，在工具属性栏中设置字体为"方正大黑简体"、字体大小为"84点"、字体颜色为"#ffffff"，在提示图像下方输入"抱歉，您的页面不知所踪"文字。

STEP 07　复制步骤6的文字图层，打开"属性"面板，设置字体为"思源黑体CN"、字体大小为"26点"，然后将文字内容修改为"刷新一下"。选择"矩形工具" ■，围绕"刷新一下"文字绘制一个尺寸为"199像素×52像素"、描边颜色为"#ffffff"、描边宽度为"2像素"、圆角半径为"26像素"的圆角矩形。

STEP 08　隐藏参考线，新建名称为"文字及按钮"的图层组，并将步骤6和步骤7涉及的图层移动到该图层组内。保存文件，完成效果如图4-49所示。

图4-48　置入素材

图4-49　完成效果

4.3.2 去色

"去色"命令用于去除色彩的所有信息，使视觉效果呈现出黑白两色，可制作做旧效果，没有对话框，属于一键式快捷命令。选择【图像】/【调整】/【去色】命令，即可完成调整，效果如图4-50所示。

图4-50 使用"去色"命令调整图像

4.3.3 渐变映射

"渐变映射"命令用于根据指定的渐变填充颜色改变原色彩，效果如图4-51所示。选择【图像】/【调整】/【渐变分离】命令，打开"渐变映射"对话框（见图4-52），设置参数，单击 确定 按钮完成调整。

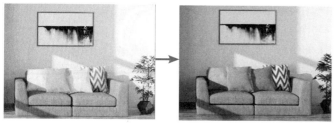

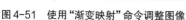

图4-51 使用"渐变映射"命令调整图像　　　　图4-52 "渐变映射"对话框

- "灰底映射所用的渐变"下拉列表：该下拉列表提供12组预设的渐变颜色组（与渐变工具的工具属性栏中的"渐变编辑器"下拉列表内容一致），可在组内选择所需的颜色。
- "仿色"复选框：单击选中该复选框，可随机添加一些杂色以平滑渐变效果。
- "反向"复选框：单击选中该复选框，可以反转渐变颜色的填充方向。

综合运用"渐变映射"命令与图层混合模式可以制作出特殊的色调。图4-53所示为使用"渐变映射"命令和"变亮""亮光""点性光"图层混合模式制作的效果。

图4-53 使用"渐变映射"命令和不同图层混合模式制作的效果

4.3.4 匹配颜色

"匹配颜色"命令用于将选取的色彩匹配到原色彩上，即对原色彩重新上色。选择【图像】/【调整】/【匹配颜色】命令，打开"匹配颜色"对话框（见图4-54），在"源"下拉列表中选择"卧室.jpg"选项，单击 确定 按钮完成调整。

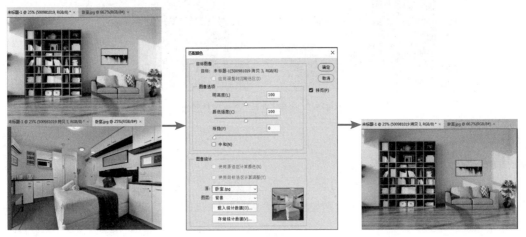

图4-54　使用"匹配颜色"命令

- 目标：显示当前文件的名称和颜色模式。
- "应用调整时忽略选区"复选框：单击选中该复选框，在匹配色彩时将不影响选区；取消该复选框，将只调整选区内的色彩。
- 明亮度：用于调整色彩的明度。数值越大，明度越高；数值越小，明度越低。
- 颜色强度：用于调整色彩的饱和度。数值越大，饱和度越高；数值越小，饱和度越低。
- 渐隐：用于调整色彩的匹配比例。数值越大，匹配比例越低；数值越小，匹配比例越高。
- "中和"复选框：单击选中该复选框，可消除偏色。
- "使用源选区计算颜色"复选框：单击选中该复选框，可以使用在源图像中创建的选区内的色彩匹配当前色彩；取消该复选框，则使用源图像中的全部色彩匹配当前色彩。
- "使用目标选区计算调整"复选框：单击选中该复选框，只为当前选区匹配色彩；取消该复选框，则为整个区域匹配色彩。
- "源"下拉列表：用于选择与当前文件匹配色彩的文件。
- "图层"下拉列表：用于选择匹配色彩的图层。
- 载入统计数据(O)... 按钮：用于选择导入数据的位置。
- 存储统计数据(V)... 按钮：用于保存当前数据。

4.3.5 色调分离

"色调分离"命令用于指定图像的色调级数，并按此级数将图像的像素映射为最接近的颜色。选择【图像】/【调整】/【色调分离】命令，打开"色调分离"对话框，在数值框中输入数值，或者拖动滑块，调整具体参数，分离色阶值，单击 确定 按钮完成调整，如图4-55所示。

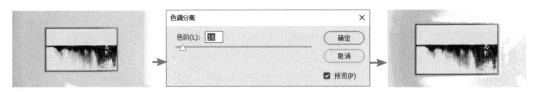

图4-55 使用"色调分离"命令

> 🔔 **提示**
>
> 单击"图层"面板底部的"创建新的填充或调整图层"按钮 ◉，在打开的下拉列表中也可以选择调整色彩的选项，选中选项后会自动创建该选项的调整图层，并且这些调整图层的功能与菜单栏中的调色命令一致，只是调整的范围有所区别，会对下方所有图层的色彩造成影响，调整图层影响范围可通过移动图层进行控制；而菜单栏中的命令一般只对选中图层的色彩造成影响。

技能提升

图4-56所示为利用矩形选框工具创建选区，复制部分图像，然后按照本节所讲的知识依次调整图像色彩，制作用于日常用品售卖软件聚合页的图像素材，请根据提供的素材（素材位置：素材\第4章\日常用品售卖软件聚合页\）尝试制作。

高清彩图

图4-56 调整日常用品售卖软件聚合页图像素材

4.4 课堂实训

4.4.1 制作房屋 App 信息发现页

1. 实训背景

某房屋租售App需要制作房屋信息发现页，便于根据用户选择的标签提供最新的图文消息。要求界面尺寸为1080像素×1920像素，界面图片元素美观，色调统一，展现出高端、专业的气息。

2. 实训思路

（1）规划布局。该界面具有状态栏、分类栏、标签栏、内容区域和导航栏，规划这些内容的分布位置，如图4-57所示。

（2）选择配色。该界面图片元素较多，可选择白色作为主色，选择蓝色作为辅助色，选择红色作为点缀色，突出提示内容，整体配色简洁、大方，如图4-58所示。

（3）参考风格。该App定位为租房软件，属于商品交易类型，因此可以参考商务风，彰显专业性和实用性，如图4-59所示。

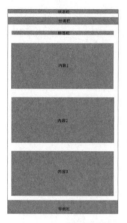

图4-57　规划布局

图4-58　选择配色

图4-59　商务风格

高清彩图

（4）处理素材。为了使界面美观、统一，设计人员可对界面中的图片素材进行统一色调处理，使其具有统一性和关联性，提升视觉美观度，如图4-60所示。

本实训的参考效果如图4-61所示。

图4-60　处理素材

图4-61　参考效果

素材所在位置： 素材\第4章\房屋App信息发现页\

效果所在位置： 效果\第4章\房屋App信息发现页.psd

3．步骤提示

STEP 01 新建尺寸为"1080像素×1920像素"、分辨率为"72像素/英寸"、名称为"房屋App信息发现页"的文件。选择"油漆桶工具" ，设置前景色为"#278ff7"，在图像编辑区单击，填充背景颜色。置入"状态栏.png"图像素材，调整素材位置和大小，完成状态栏区域制作。

STEP 02 选择"横排文字工具" ，设置字体为"思源黑体 CN"、字体大小为"36点"、字体颜色为"#ffffff"，输入"发现"文字。重复操作，修改字体颜色为"#cecece"，输入"问答 直播 好房 装修"文字，调整字体间距。再置入"放大镜.png"和"头像.png"图像素材，调整素材位置和大小。在"发现"文字下方绘制一个尺寸为"70像素×5像素"、填充颜色为"#ffffff"的矩形，完成分类栏区域的制作，将涉及的图层整理到"分类栏"图层组。

STEP 03 选择"矩形工具" ，绘制一个尺寸为"1083像素×1764像素"、圆角半径为"30像素"、填充颜色为"#f4f7ff"的矩形，并将其放置在分类栏下方。用与步骤2相同的方法，输入"为你推荐"文字，保持字体不变，设置字体大小为"30点"、字体颜色为"#000000"；重复操作，输入"市场行情 百科经验 未来规划 交易报告"文字，保持字体和大小不变，设置字体颜色为"#787878"。

STEP 04 在"为你推荐"文字下方绘制一个尺寸为"60像素×5像素"、填充颜色为"#278ff7"的矩形，完成标签栏区域的制作，将涉及的图层整理到"标签栏"图层组。

STEP 05 选择"矩形工具" ，绘制一个尺寸为"991像素×415像素"、填充颜色为"#ffffff"的直角矩形。置入"1.jpg"图像素材，调整素材位置和大小，然后栅格化该素材所在的图层。选择【图像】/【调整】/【亮度/对比度】命令，打开"亮度/对比度"对话框，调整亮度为"54"、对比度为"42"，单击 按钮。再选择【图像】/【调整】/【色彩平衡】命令，打开"色彩平衡"对话框，单击选中"阴影"单选按钮，设置色阶为"-67、-35、+28"，单击 按钮，完成调整图像明度与色调。

STEP 06 用与步骤2相同的方法，保持字体不变，设置字号为"26点"、颜色为"#000000"，输入"房屋信息.txt"文本素材的文字；重复操作，保持字体不变，设置字号为"22点"、字体颜色为"#787878"，输入"热门推荐"文字。将步骤5和步骤6涉及的图层整理到"图像1"图层组。

STEP 07 复制"图像1"图层组，调整位置。置入"2.jpg"图像素材，调整位置和大小，并栅格化该素材所在的图层，选择【图像】/【调整】/【色阶】命令，打开"色阶"对话框，设置色阶为"0、1.78、227"，单击 按钮。然后按照"房屋信息.txt"文本素材，修改房屋信息文字。

STEP 08 用与步骤7相同的方法，置入"3.jpg"图像素材，调整位置和大小，使用"矩形选框工具" 删除多余的部分，并栅格化所在的图层，选择【图像】/【调整】/【曝光度】命令，打开"曝光度"对话框，设置曝光度、位移和灰度系数校正分别为"+0.23、-0.0133、1.45"，单击 按钮。然后按照"房屋信息.txt"文本素材，修改房屋信息文字。

STEP 09 选择"矩形工具" ，在图像编辑区底部绘制一个尺寸为"1089像素×210像素"、填充颜色为"#ffffff"、圆角半径为"30像素"的圆角矩形。置入"菜单栏.png"图像素材，调整素材位置和大小。再绘制一个尺寸为"39像素×29像素"、填充颜色为"#ee1562"、圆角半径为"14像素"的圆角矩形。选择"横排文字工具" **T**，保持字体不变，设置字体大小为"18点"、字体颜色为"#ffffff"，输入"13"文字内容。

STEP 10 新建名为"菜单栏"的图层组，将步骤9涉及的图层移动到该图层组中，最后保存文件。

4.4.2 优化"新鲜花卉"网站商品详情页

1. 实训背景

今年气温适合鲜花生长，原本月底才能采摘的菊科花卉提前成熟，因此某专营花卉的网站需要提前制作相应的商品详情页。为了不耽误销售，网站决定在旧版商品详情页的基础上进行优化，从而快速更新商品详情页。要求保持商品详情页尺寸不变，优化界面元素，使其符合"菊科花卉"主题。

2. 实训思路

（1）整理图层。为了提升制作效率，可先整理旧版商品详情页图层，将相同区域的图层移至同一个图层组，以便后期复制图层组，并修改图层组中的内容。

（2）替换色彩。将旧版商品详情页的界面配色替换成适合"菊科花卉"主题和图片素材的配色，可用详情页首图中的色彩替换原红色系配色。

（3）优化素材。优化界面中装饰元素的位置，使其与新图像素材呼应。

（4）修改内容。优化后的商品详情页需要展示"菊科花卉"商品信息，因此要修改旧版的文字内容和相应的文字属性等，确保内容与图像匹配，并且提升界面设计的美观度。

本实训的参考效果如图4-62所示。

高清彩图

图4-62 参考效果

素材所在位置：素材\第4章\"新鲜花卉"网站商品详情页\

效果所在位置：效果\第4章\"新鲜花卉"网站商品详情页.psd

3. 步骤提示

STEP 01 打开名称为"网站商品详情页"的文件，新建"顶部"图层组，将"图像1"图层和"形状4"图层之间的图层移动到图层组内。重复操作，新建"中部"图层组，再将"装饰"图层和"图像5"图层之间的图层移动到该图层组内；新建"底部"图层组，将剩余图层移动到该图层组内。

视频教学：
优化"新鲜花卉"
网站商品详情页

STEP 02 展开"顶部"图层组，删除"图像1"图层，然后置入"首图.jpg"图像素材，调整素材的位置与大小。选择"矩形工具" 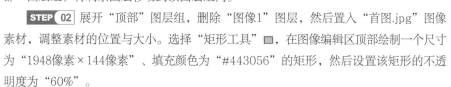，在图像编辑区顶部绘制一个尺寸为"1948像素×144像素"、填充颜色为"#443056"的矩形，然后设置该矩形的不透明度为"60%"。

STEP 03 选择并栅格化"首图"图层，选择【图像】/【调整】/【去色】命令，去除图像色彩，再打开"换色.jpg"素材文件，切换回"网站商品详情页"文件，选择【图像】/【调整】/【匹配颜色】命令，打开"匹配颜色"对话框，设置源为"换色.jpg"，单击 确定 按钮。选择【图像】/【调整】/【自然饱和度】命令，打开"自然饱和度"对话框，设置自然饱和度为"＋27"、饱和度为"＋39"，单击 确定 按钮。

STEP 04 选择"横排文字工具" **T**，修改"康乃馨"和"慈爱之花"文字图层的内容为"菊科类、清净高洁"，保持文字属性不变。选择并栅格化"导航栏"图层组，再选择【图像】/【调整】/【替换颜色】命令，打开"替换颜色"对话框，设置颜色容差为"200"，单击结果色块，设置颜色为"#7239a6"，单击 确定 按钮，完成导航栏替换颜色，折叠该图层组。

STEP 05 展开"中部"图层组，用与步骤4相同的方法，为"装饰"图层替换同样的颜色。置入"1.png~3.png"素材文件，调整位置和大小，使其按照旧图像的位置和大小放置，然后删除旧图像所在图层。

STEP 06 选择"1"图层，再选择【图像】/【调整】/【色相/饱和度】命令，打开"色相/饱和度"对话框，设置色相、饱和度和明度分别为"-29、＋14、＋8"，单击 确定 按钮。选择"2"图层，再选择【图像】/【调整】/【色彩平衡】命令，打开"色彩平衡"对话框，单击选中"阴影"单选按钮，设置青色、洋红和黄色分别为"-50、＋9、-10"，单击 确定 按钮。

STEP 07 选择"3"图层，再选择【图像】/【调整】/【曲线】命令，打开"曲线"对话框，在曲线上单击创建调整点，并向上拖曳鼠标，使输出数值变为"136"，单击 确定 按钮。接着选择【图像】/【调整】/【自然饱和度】命令，打开"自然饱和度"对话框，设置自然饱和度为"＋9"、饱和度为"＋27"，单击 确定 按钮。折叠该图层组，完整中部区域的调整。

STEP 08 展开"底部"图层组，选择并栅格化"底托"图层，选择【图像】/【调整】/【替换颜色】命令，打开"替换颜色"对话框，取样红色，设置颜色容差为"200"，单击结果色块，设置颜色为"#7239a6"，单击 确定 按钮。

STEP 09 用与步骤8相同的方法，选择并栅格化"文字信息"图层，选择【图像】/【调整】/【替换颜色】命令，打开"替换颜色"对话框，取样红色，设置颜色容差为"200"，单击结果色块，设置颜色为"#7239a6"，单击 确定 按钮完整底部区域的修改，最后按【Ctrl＋S】组合键保存文件，并将文件命名为"'新鲜花卉'网站商品详情页"。

4.5 课后练习

练习 1 制作有声读物软件三色配色界面

高清彩图

某设计师设计一款有声读物软件的界面后，需要再提供一版配色界面供客户挑选。要求在制作的橙色系界面上更改配色，先使用合并图层和栅格化图层命令调整图层类型，再使用"替换颜色"命令替换界面颜色，制作出三色配色界面，参考效果如图4-63所示。

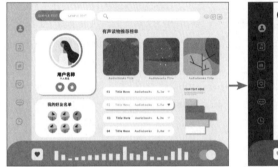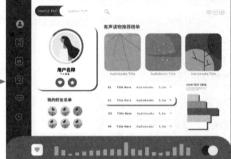

图4-63　参考效果

素材所在位置：素材\第4章\有声读物软件三色配色界面\
效果所在位置：效果\第4章\有声读物软件三色配色界面.psd

练习 2 制作 App 发布信息页

某个以分享生活为主要功能的App需要制作夜间模式的界面，现还剩下发布信息页未完成，该界面内容以用户发表的美图和文字为主。要求界面尺寸为1080像素×1920像素，需模拟用户使用情景，先使用调整命令调整美食图像，再使用横排文字工具输入文字，使用形状工具组绘制装饰形状，参考效果如图4-64所示。

素材所在位置：素材\第4章\App发布信息页\

效果所在位置：效果\第4章\App发布信息页.psd

高清彩图

图4-64　参考效果

第**5**章　合成界面图像

在UI设计中，有时需要选择同色系的素材进行搭配，通过素材和整体视觉的完美搭配来准确传达产品想要带给用户的感受。在进行界面素材搭配时，往往不会直接使用原始素材来设计界面，一般会先对原始素材图像进行二次处理，如通过蒙版合成新的图像效果，通过通道调整图像选区或颜色等，从而合成界面图像，提升UI设计作品的美观度。

📖 学习目标

◎ 掌握蒙版的基本操作

◎ 掌握通道的操作方法

✧ 素养目标

◎ 培养灵活使用设计素材的能力，提高设计效率

◎ 培养把控界面设计美感的能力

◈ 案例展示

音乐 App 歌单推荐页

家居网内页

应用蒙版

蒙版是一种独特的图像处理方式，主要用于隔离和保护图像中的某个区域，并且能将部分图像处理成透明或半透明效果。使用蒙版不但能避免在UI设计过程中使用橡皮擦工具或删除功能时造成的误操作，还能实现丰富的图像叠加效果。

5.1.1 课堂案例——制作音乐 App 歌单推荐页

案例说明： 某音乐App为了迎合大众对古风歌曲的需求，将制作古风歌单推荐页，要求通过水墨画体现"古风"主题，尺寸为750像素×1624像素，结合古风歌曲相关的素材，突出古典韵味，参考效果如图5-1所示。

知识要点： 图层蒙版；剪贴蒙版；快速蒙版；矢量蒙版。

素材位置： 素材\第5章\音乐App歌单推荐页\

效果位置： 效果\第5章\音乐App歌单推荐页.psd

高清彩图

图5-1 参考效果

✍ 设计素养

古风是近几年比较流行的一种风格，以对我国传统文化元素的运用与凸显为主。在设计这类风格的作品时，设计人员可以添加诸如水墨场景、书法素材、传统图案等元素，凸显古典韵味。

具体操作步骤如下。

STEP 01 新建大小为"750像素×1624像素"、分辨率为"72像素/英寸"、颜色模式为"RGB颜色"、名称为"音乐App歌单推荐页"的文件。

STEP 02 按【Ctrl+R】组合键显示标尺，然后根据图5-2所示的各个部分尺寸要求，添加参考线。

STEP 03 选择"矩形工具" ▢，在工具属性栏中设置填充颜色为"#fbfbfb"，然后在顶部绘制"750像素×196像素"的矩形。

STEP 04 打开"水墨画素材.png"素材文件，选择"移动工具" ，将水墨画素材拖曳到"音乐App歌单推荐页"文件中，调整素材大小和位置，如图5-3所示。

STEP 05 为了使背景过渡自然，我们可使用快速蒙版对背景效果进行编辑。单击工具箱下方的"以快速蒙版模式编辑"按钮 ，进入快速蒙版编辑状态，使用"画笔工具" 对蒙版区域进行涂抹，绘制的区域将呈半透明的红色显示，如图5-4所示。

视频教学：
制作音乐 App
歌单推荐页

STEP 06 单击工具箱中的"以标准模式编辑"按钮 ，退出快速蒙版模式，此时蒙版区域中呈红色显示的图像位于生成的选区之外，按【Delete】键删除选区内容，如图5-5所示，然后按【Ctrl+D】组合键取消选区。

图5-2　添加参考线　　图5-3　添加素材　　图5-4　在蒙版区域涂抹　图5-5　删除选区外的内容

STEP 07 选择【图层】/【创建剪贴蒙版】命令，创建剪贴蒙版。

STEP 08 选择"矩形工具" ，在工具属性栏中设置填充颜色为"#363535"，然后在导航栏左侧绘制3个"30像素×3像素"的矩形。选择"横排文字工具" ，输入文字，打开"字符"面板，设置字体为"思源黑体 CN"、字体颜色为"#838282"，然后调整文字的大小和位置，如图5-6所示。

STEP 09 选择"矩形工具" ，在工具属性栏中设置填充颜色为"#ecedeb"，然后在导航栏下方绘制"750像素×300像素"的矩形。

STEP 10 打开"海报素材.png"素材文件，选择"移动工具" ，将海报素材拖曳到"音乐App歌单推荐页"文件中矩形的上方，调整海报素材的大小和位置，然后按【Alt+Ctrl+G】组合键创建剪贴蒙版，如图5-7所示。

STEP 11 打开"图层"面板，选择添加的海报图层，单击"添加图层蒙版"按钮 ，为图层添加图层蒙版。设置前景色为"黑色"，选择"画笔工具" ，在图像左侧涂抹，对涂抹区域创建图层蒙版，如图5-8所示。

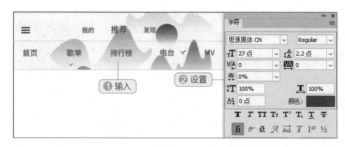

图5-6 输入文字

图5-7 添加海报素材

STEP 12 打开"文字素材.png"素材文件，选择"移动工具" ，将文字素材拖曳到"音乐App歌单推荐页"文件中海报素材上方，调整文件大小和位置，然后按【Alt+Ctrl+G】组合键创建剪贴蒙版，如图5-9所示。

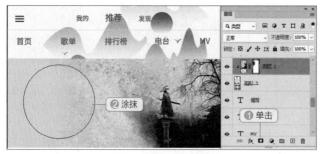

图5-8 创建图层蒙版

图5-9 添加文字素材

STEP 13 打开"图章素材.png"素材文件，将图章素材拖入矩形下方，调整素材大小和位置。选择"直排文字工具" ，输入文字，打开"字符"面板，设置字体为"方正兰亭准黑_GBK"、字体颜色为"白色"，然后调整文字大小和位置，如图5-10所示。

STEP 14 选择"矩形工具" ，在工具属性栏中设置填充颜色为"#363535"、圆角半径为"20像素"，绘制6个"225像素×230像素"的矩形。打开"图1.jpg~图6.jpg"素材文件，将素材依次拖动到矩形上方，调整素材大小和位置，然后按【Alt+Ctrl+G】组合键创建剪贴蒙版，如图5-11所示。

STEP 15 选择"横排文字工具" ，输入文字，打开"字符"面板，设置字体为"思源黑体CN"、字体颜色为"#0f0101"，然后调整文字大小和位置，如图5-12所示。

图5-10 输入直排文字

图5-11 绘制矩形并添加素材

图5-12 输入推荐文字

STEP 16 选择"矩形工具" ，设置填充颜色为"#cfdbe5"，在最下方绘制"750像素×166像素"的矩形。打开"图7.jpg"素材文件，将素材拖动到矩形上方，调整素材大小和位置。

STEP 17 选择"钢笔工具" ，沿着素材图片的轮廓绘制路径，如图5-13所示。

STEP 18 选择【图层】/【矢量蒙版】/【当前路径】命令，创建矢量蒙版，调整矢量图形的文字，然后打开"图层"面板，设置图层混合模式为"划分"、填充为"80%"，如图5-14所示。

STEP 19 选择"自定形状工具" ，在工具属性栏中设置填充颜色为"#363535"，在最下方矩形的上方绘制"主页1""靶心1""wifi 1""信封2 1""八分音符1"等形状，调整形状大小和位置。

STEP 20 选择"横排文字工具" ，输入文字，打开"字符"面板，设置字体为"思源黑体 CN"、字体颜色为"#0f0101"，调整文字大小和位置，然后修改"发现"文字颜色为"#ff0000"，如图5-15所示，最后按【Ctrl+S】组合键保存图像。

图5-13　绘制路径

图5-14　设置图层混合模式

图5-15　输入文字

🔔 **提示**

在使用"自定形状工具" 绘制形状时，若Photoshop 2022没有上文提到的形状样式，则先将形状添加到"形状"下拉列表中，再绘制形状。

5.1.2　图层蒙版

图层蒙版通过控制蒙版中的灰度信息来控制图像的显示区域，在UI设计中常用于图像合成。在使用图层蒙版前，设计人员需要先掌握新建和编辑图层蒙版的方法。

1. 新建图层蒙版

图层蒙版是指遮盖在图层上的一层灰度遮罩，使用不同级别的灰度进行涂抹可设置涂抹区域的透明程度，完成图像合成。新建图层蒙版的方法为：在"图层"面板中选择需要创建图层蒙版的图层，单击"图层"面板下方的"添加图层蒙版"按钮 ，即可为图层创建图层蒙版。将前景色设置为"黑色"，选择"画笔工具" ，在图像上涂抹可擦除涂抹的区域，其原图层中的图像内容也不会发生变化，如图5-16所示。

图层添加图层蒙版后，工具箱中的前景色与背景色会自动变为默认的颜色，即前景色为黑色、背景色为白色。在图层蒙版中，纯白色区域对应的图像是可见的，其不透明度为0%；纯黑色区域会遮挡图像，其不透明度为100%；灰色区域会使图像呈现出一定程度的透明效果，其不透明度介于0%~100% 之间，灰色越深，图像越透明。

图5-16　创建图层蒙版

选择【图层】/【图层蒙版】/【隐藏全部】命令，可创建隐藏图层内容的黑色蒙版。若图层中包含透明区域，则可选择【图层】/【图层蒙版】/【从透明区域】命令创建蒙版，并将透明区域隐藏。

2. 编辑图层蒙版

对于已经创建好的图层蒙版，我们可以进行停用图层蒙版、启用图层蒙版、删除图层蒙版、复制与转移图层蒙版等编辑操作。

- 停用图层蒙版：若想暂时隐藏图层蒙版以查看图层的原始效果，则可停用图层蒙版。被停用的图层蒙版会在"图层"面板的图层蒙版上显示为。操作方法为：选择【图层】/【图层蒙版】/【停用】命令，或是在需要停用的图层蒙版上单击鼠标右键，在弹出的快捷菜单中选择"停用图层蒙版"命令，如图5-17所示。

- 启用图层蒙版：停用图层蒙版后还可将其重新启用，继续实现遮罩效果。操作方法为：选择【图层】/【图层蒙版】/【启用】命令，或者在"图层"面板中直接单击已经停用的图层蒙版，或者在需要启用的图层蒙版上单击鼠标右键，在弹出的快捷菜单中选择"启用图层蒙版"命令，如图5-18所示。

- 删除图层蒙版：如果创建的图层蒙版不再使用，则可将其删除。操作方法为：在"图层"面板中选择要删除的图层蒙版，选择【图层】/【图层蒙版】/【删除】命令，或者在图层蒙版上单击鼠标右键，在弹出的快捷菜单中选择"删除图层蒙版"命令，如图5-19所示。

- 复制图层蒙版：复制图层蒙版是将某个图层中的图层蒙版复制到另一个图层中，这两个图层同时拥有相同的图层蒙版。操作方法为：将鼠标指针移动到图层蒙版上，按住【Alt】键，将图层蒙版拖动到另一个图层上，然后释放鼠标左键，完成图层蒙版的复制操作，如图5-20所示。

- 转移图层蒙版：转移图层蒙版是指将某个图层中的图层蒙版移动到另一个图层中，原图层中的图层蒙版将不再存在。操作方法为：将鼠标指针移动到图层蒙版缩览图上，按住鼠标左键不放将其拖曳到另一个图层上，可将该图层蒙版转移到目标图层中，原图层中将不再有图层蒙版，如图5-21所示。

图 5-17　停用图层蒙版　　　　图 5-18　启用图层蒙版　　图 5-19　删除图层蒙版

图 5-20　复制图层蒙版　　　　　　　图 5-21　转移图层蒙版

> 🔔 **提示**
>
> 创建调整图层、填充图层、智能滤镜时，Photoshop 2022会自动为其添加图层蒙版，以控制颜色调整范围和滤镜范围。添加图层蒙版后，如要对图层蒙版进行操作，则在"图层"面板中选择图层蒙版缩览图；如果要编辑图层中的图像，则在"图层"面板中选择图层缩览图。

5.1.3 剪贴蒙版

剪贴蒙版主要由基底图层和内容图层组成，其可以通过下层图层（基底图层）中的形状来限制上层图层（内容图层）的显示状态。剪贴蒙版可通过一个图层控制多个图层的可见内容，而图层蒙版只能控制一个图层。创建剪贴蒙版的方法为：将需要创建剪贴蒙版的图像移动到形状图层上方，选择图像图层，再选择【图层】/【创建剪贴蒙版】命令或按【Alt+Ctrl+G】组合键，可将该图层创建为下方图层的剪贴蒙版，如图5-22所示。若需要释放剪贴蒙版，则选择需要释放的剪贴蒙版，再选择【图层】/【释放剪贴蒙版】命令，或者按【Alt+Ctrl+G】组合键释放剪贴蒙版，或者在剪贴蒙版上单击鼠标右键，在弹出的快捷菜单中选择"释放剪贴蒙版"命令。

图5-22　创建剪贴蒙版

5.1.4　快速蒙版

　　快速蒙版又称为临时蒙版，常用于选取复杂图像或创建特殊形状的选区。利用它，设计人员可以将任何选区作为蒙版进行编辑，还可以使用多种工具和滤镜命令来修改蒙版。创建快速蒙版的方法为：打开图像文件，单击工具箱下方的"以快速蒙版模式编辑"按钮，进入快速蒙版编辑状态，此时可使用"画笔工具"在图像中涂抹，绘制的区域将呈半透明的红色蒙版显示，如图5-23所示，该区域就是设置的保护区域。单击工具箱中的"以标准模式编辑"按钮，退出快速蒙版模式，之前呈红色显示的图像将位于生成的选区之外，如图5-24所示。

图5-23　设置保护区域　　　　　　　　　　　　图5-24　生成选区

疑难解答

如果原图像颜色与半透明蒙版的红色较为相近，不利于观察和编辑，该怎么办？

用户可以在"快速蒙版选项"对话框中设置快速蒙版的参数来改变颜色。双击工具箱中的"以快速蒙版模式编辑"按钮，打开该对话框，单击色块设置蒙版颜色。

5.1.5 矢量蒙版

矢量蒙版是基于矢量图形的路径而存在的一种蒙版类型。创建矢量蒙版的方法为：选择需要添加矢量蒙版的图层，使用矢量工具，如使用"钢笔工具"  绘制路径，选择【图层】/【矢量蒙版】/【当前路径】命令，可基于当前路径创建矢量蒙版，如图5-25所示。

图5-25 创建矢量蒙版

要编辑矢量蒙版，设计人员需要先将矢量蒙版转换为图层蒙版。其操作方法为：在矢量蒙版缩览图上单击鼠标右键，在弹出的快捷菜单中选择"栅格化矢量蒙版"命令，栅格化后的矢量蒙版将变为图层蒙版，不再有矢量形状存在。

技能提升

图5-26所示为某家居品牌App首页效果，请结合本小节所讲知识，分析该首页并进行练习。

（1）该App首页由不同大小的矩形和圆形拼合而成。使用哪些蒙版工具可将提供的素材置入这些不同大小的矩形中，形成该效果呢？

高清彩图

_____

_____

（2）尝试利用提供的素材（素材位置：素材\第5章\美食网站首页素材）设计一个美食网站首页，从而举一反三，进行思维拓展与能力提升。

效果示例

图5-26 某家居品牌App首页

5.2 应用通道

在Photoshop中进行UI设计时,还可使用通道处理图像。通道是选取图层中某部分图像的重要工具,设计人员在UI设计时可通过通道完成界面中图像的合成与抠取,以便展现界面中的图像。

5.2.1 课堂案例——制作家居网内页

案例说明:"梦想家"家居网为了更好地宣传网页服务内容,准备制作以"服务"为主题的内页,以提升用户对网站的好感度。要求内页尺寸为1920像素×2700像素,内页包括Banner、服务分类和页尾3个部分,效果美观,服务信息醒目、全面,参考效果如图5-27所示。

高清彩图

图5-27 参考效果

知识要点：复制通道；编辑通道。

素材位置：素材\第5章\家居网内页\

效果位置：效果\第5章\家居网内页.psd

设计素养

设计企业介绍或企业服务类页面时可在页面中添加企业历史、企业发展战略、用户反馈问题等内容，方便用户了解企业，加深用户对企业的印象。UI 设计人员在设计这类页面时，可先提炼企业的相关信息，分析可在页面中展现的内容，然后根据用户对信息的需求进行信息的设计与呈现。

具体操作步骤如下。

STEP 01 新建大小为"1920像素×2700像素"、分辨率为"72像素/英寸"、颜色模式为"RGB颜色"、名称为"家居网内页"的文件。

STEP 02 选择"矩形工具" ▢ ，绘制大小为"1920像素×800像素"的矩形，并设置填充颜色为"黑色"。打开"背景素材.png"素材文件，将素材图片拖曳到矩形上，按【Alt+Ctrl+G】组合键创建剪贴蒙版，如图5-28所示。

视频教学：
制作家居网内页

STEP 03 为了便于后期将素材运用到背景中，设计人员需要先打开素材，然后使用"通道"面板抠取。打开"床.png"素材文件，按【Ctrl+J】组合键复制商品素材图层，得到"图层1"图层，如图5-29所示。

图5-28　添加背景素材

图5-29　复制图层

STEP 04 选择【窗口】/【通道】命令，打开"通道"面板，在"蓝"通道上单击鼠标右键，在弹出的快捷菜单中选择"复制通道"命令，在打开的对话框中单击 确定 按钮，如图5-30所示。

STEP 05 此时除了复制生成的"蓝 拷贝"通道外，其他通道都已隐藏，选择复制后的"蓝 拷贝"通道，按【Ctrl+I】组合键反相显示图像，效果如图5-31所示。

STEP 06 选择"快速选择工具" ▨ ，将整个床选取到选区内，如图5-32所示。

提示

为了便于抠取整个图像，设计人员在选择通道时，需选择通道中对比更加明显的通道。在本例中，蓝色通道对比更加明显，因此这里选择"蓝"通道。

图5-30　复制背景图层　　　　　图5-31　反相显示图像　　　　　图5-32　选取床

STEP 07 选择【编辑】/【填充】命令，打开"填充"对话框，在"内容"下拉列表中选择"白色"选项，完成后单击 确定 按钮，如图5-33所示。

STEP 08 按【Shift+Ctrl+I】组合键，反向选区。按【Ctrl+L】组合键，打开"色阶"对话框，拖动"输入色阶"栏中的黑色滑块、灰色滑块、白色滑块，将其值分别设置为"170、0.1、255"，单击 确定 按钮，如图5-34所示。

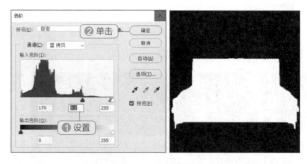

图5-33　填充选区颜色　　　　　　　　　　　　图5-34　设置色阶

STEP 09 按【Shift+Ctrl+I】组合键反向显示图像，返回"图层"面板，在"图层"面板中选择"图层1"图层，按【Ctrl+J】组合键复制通道选区内的图像，得到"图层2"图层，隐藏"背景"图层和"图层1"图层，得到图5-35所示的抠图效果。

STEP 10 选择"移动工具" ⊕，将床拖入"家居网内页"文件中，按【Ctrl+T】组合键进行变换操作，调整四周的控制点，使其匹配背景，如图5-36所示。

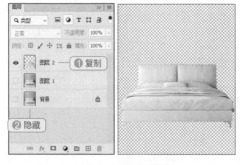

图5-35　图层2效果　　　　　　　　　图5-36　移动沙发并调整床的大小

STEP 11 选择"矩形工具" ，在工具属性栏中设置填充颜色为"白色"、圆角半径为"45像素"，在图像中绘制大小为"1100像素×90像素"的圆角矩形，并在"图层"面板中设置不透明度为"70%"，效果如图5-37所示。

STEP 12 选择"横排文字工具" ，输入图5-38所示的文字，在工具属性栏中设置"我的服务"文字的字体为"方正兰亭粗黑_GBK"、文本颜色为"白色"，设置其他文字的字体为"思源黑体CN"、文本颜色为"#413f3f"，然后调整文字的大小和位置。

图5-37 绘制圆角矩形

图5-38 输入文字

STEP 13 选择"矩形工具" ，绘制6个大小为"730像素×300像素"的矩形，并设置填充颜色为"#f3f3f3"，然后在矩形上方绘制6个大小为"430像素×300像素"的矩形，并设置填充颜色为"#aaaaaa"，效果如图5-39所示。

STEP 14 打开"内页素材1.png~内页素材6.png"素材图片，将素材图片依次拖曳到矩形上，按【Alt+Ctrl+G】组合键创建剪贴蒙版，如图5-40所示。

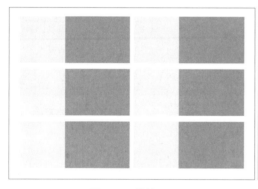
图5-39 绘制矩形

图5-40 添加素材图片

STEP 15 选择"横排文字工具" ，输入图5-41所示的文字，在工具属性栏中设置字体为"思源黑体CN"，再设置文本颜色为"#070000"，然后调整文字的大小和位置。

STEP 16 选择"椭圆工具" ，在文字上方绘制6个大小为"70像素×70像素"的圆，并设置填充颜色为"#7b7b7b"。

STEP 17 选择"自定形状工具" ，在"形状"下拉列表中选择图5-42所示的形状，在圆的上方绘制形状，并设置填充颜色为"#f9f9f9"。

STEP 18 打开"尾页部分.png"图像文件，将其中的页尾内容拖动到图像最下方，并调整大小和位置。最后按【Ctrl+S】组合键保存图像文件，完成本例的制作。

图5-41 输入文字

图5-42 绘制形状

5.2.2 认识通道

通道是存储颜色信息的独立颜色平面。通道的颜色与选区有直接关系，完全为黑色的区域表示完全没有选择，完全为白色的区域表示完全选择，灰度区域由灰度的深浅来决定选择程度，所以对通道的应用实质就是对选区的应用。

Photoshop中与通道相关的操作基本都是在"通道"面板中完成的。选择【窗口】/【通道】命令，打开"通道"面板，如图5-43所示。

Photoshop中存在3种通道，它们的作用和特征都有所不同。

- 颜色通道：颜色通道用于记录图像内容和颜色信息。不同颜色模式产生的颜色通道数量和名称都有所不同。例如，RGB图像包括复合（即RGB）、红、绿、蓝通道，CMYK图像包括复合（即CMYK）、青色、洋红、黄色、黑色通道，Lab图像包括复合（即Lab）、明度、a、b通道。

图5-43 "通道"面板

- Alpha通道：Alpha通道可用于操作选区，例如，我们可通过Alpha通道保存选区，也可将选区存储为灰度图像，便于用画笔、滤镜等修改选区，还可从Alpha通道中载入选区。在Alpha通道中，白色为可编辑区域，黑色为不可编辑区域，灰色为部分可编辑区域（羽化区域）。
- 专色通道：专色通道用于存储印刷时使用的专色。专色是为印刷出特殊效果而预先混合的油墨，可替代普通的印刷色油墨。一般情况下，专色通道都以专色的颜色命名。

5.2.3 通道的基本操作

了解通道后，还需要掌握通道的操作，包括创建、复制、删除、分离和合并等基本操作。

1. 创建通道

新创建的通道默认为Alpha通道，名称默认为Alpha X（X为按创建顺序依次排列的数字序号，如1、2、3……）通道。创建通道的方法为：单击"通道"面板底部的"创建新通道"按钮⊞，新建一个

Alpha通道。此时可看到"通道"面板中出现"Alpha1"通道，显示"RGB"通道后，可发现红色铺满整个画面，如图5-44所示。

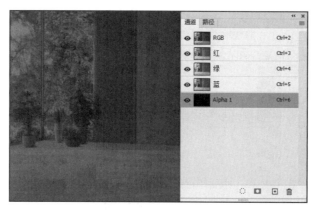

图5-44　创建Alpha通道

资源链接

专色通道的创建方法与Alpha通道创建方法有差别，读者可以扫描右侧的二维码来查看专色通道的创建方法。

扫码看详情

2. 复制通道

在对通道进行处理时，为了防止对通道误操作，设计人员可在操作前先复制通道。复制通道的方法为：在"通道"面板中选择需要复制的通道，按住鼠标左键不放，将其拖曳到"通道"面板下方的"创建新通道"按钮 上，释放鼠标左键，完成通道的复制，如图5-45所示；也可选择需要复制的通道，单击"通道"面板右上角的 按钮，在打开的下拉列表中选择"复制通道"选项，完成复制操作，如图5-46所示；还可在需要复制的通道上单击鼠标右键，在弹出的快捷菜单中选择"复制通道"命令复制通道。

图5-45　使用按钮复制通道　　　　　图5-46　使用命令复制通道

3. 删除通道

当图像中的通道过多时，会影响图像的大小，此时可删除不需要的通道。删除通道的方法为：在

"通道"面板中选择需要删除的通道，单击"通道"面板中的"删除当前通道"按钮🗑️，完成删除操作，如图5-47所示；也可在需要删除的通道名称上单击鼠标右键，在弹出的快捷菜单中选择"删除通道"命令，如图5-48所示。

图5-47 使用按钮删除通道

图5-48 使用命令删除通道

4. 分离通道

当需要对单个通道分别进行操作时，设计人员可先分离通道。图像的颜色模式直接影响通道分离出的文件个数，如RGB颜色模式的图像会分离出3个独立的灰度文件，CMYK颜色模式的图像会分离出4个独立的灰度文件。被分离出的文件分别保存了原文件各颜色通道的信息。分离通道的方法为：打开需要分离通道的图像文件，在"通道"面板右上角单击≡按钮，在打开的下拉列表中选择"分离通道"选项，如图5-49所示。

图5-49 分离通道

5. 合并通道

分离的通道以灰度模式显示，无法正常使用；需使用时，设计人员要对分离的通道进行合并。合并通道的方法为：选择分离后的单个通道，在"通道"面板中单击≡按钮，在打开的下拉列表中选择"合并通道"选项（见图5-50），打开"合并通道"对话框，在"模式"下拉列表中选择通道的合并模式，在"通道"数值框中输入用于合并的通道数量，单击 确定 按钮（见图5-51），在打开的对话框中依次单击 下一步(N) 按钮，最后单击 确定 按钮，完成通道的合并操作，如图5-52所示。

图5-50　选择"合并通道"选项　　　图5-51　设置合并通道的模式和数量　　　图5-52　合并后的效果

6．将选区存储为通道

在合成界面的过程中，设计人员如果暂时不需要使用选区，那么可以使用通道把选区存储起来。将选区存储为通道的方法为：保持选区的框选状态，单击"通道"面板下方的"将选区存储为通道"按钮，完成新建选区通道操作。此时新建的通道默认为Alpha通道，并呈隐藏状态显示，单击■图标可显示选区通道，如图5-53所示。

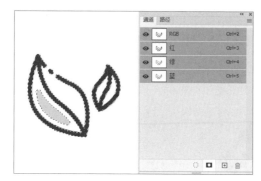
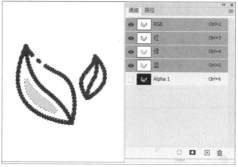

图5-53　将选区存储为通道

7．将通道作为选区载入

将通道作为选区载入可方便用户快速编辑通道内的图像。其操作方法为：在"通道"面板中选择需要作为选区的通道，如选择"Alpha1"通道，单击"通道"面板下方的"将通道作为选区载入"按钮，将通道作为选区载入，载入完成后，选区通道将被隐藏，如图5-54所示。

图5-54　将通道作为选区载入

技能
提升

图5-55所示为某水果App首页Banner图，请结合本小节讲述的知识，分析该作品并进行练习。

高清彩图

图 5-55　某水果 App 首页 Banner 图

（1）该作品右侧的水果若使用通道从复杂的背景中被抠取出来并运用到Banner背景中，需要应用通道的哪些操作？

_____

_____

（2）尝试利用提供的素材（素材位置：素材\第5章\音乐App首页Banner\）设计音乐App首页Banner，从而举一反三，进行思维拓展与能力提升。

效果示例

5.3

课堂实训

5.3.1　制作大米网首页

1. 实训背景

"大米农场"是一家以销售大米为主的企业。该企业准备通过企业网站首页推广新出产的大米，需重新制作网站首页，要求尺寸为1920像素×2500像素，以"秋来吃米""饭者 百味之本"为主题，并在其中添加购买链接以方便客户购买。

2. 实训思路

（1）风格定位。首先定位首页的风格，借助水墨山水、水墨荷花、竹叶等素材体现古朴感，从而提升首页的内涵，呈现出品牌的历史底蕴。

（2）主题设计。在首页中制作Banner的原因是秋季新米上新，因此，这里可以将Banner的主题确定为"秋来吃米"。设计时，设计人员可以将主题文字放到首页上方的Banner中重点体现，也可以为部分文字添加发光效果，突出主题文字。

（3）内容设计。该首页主要用于展示和推广新米，设计人员在设计页面内容时可对热卖大米进行展现，并添加"香糯微甜　劲道Q甜""绵软可口　味道香甜"等描述性文字，提升客户对大米的好感度，再添加商品优惠信息和品质保证标签促使客户购买。

本实训的参考效果如图5-56所示。

图5-56　参考效果

素材所在位置：素材\第5章\大米网首页素材\

效果所在位置：效果\第5章\大米网首页.psd

3. 步骤提示

STEP 01 新建大小为"1920像素×2500像素"、名称为"大米网首页"的图像文件。选择"矩形工具" ▣，在页面的中间区域绘制"1920像素×1100像素"的矩形。

STEP 02 将"1.png"素材图像拖动到矩形上方，按【Alt+Ctrl+G】组合键创建剪贴蒙版。使用"横排文字工具" 输入"秋来吃米"文字，设置字体为"汉仪尚巍手书W"，然后调整文字的颜色、位置和大小。

STEP 03 将"2.png"素材图像拖动到文字上方，单击工具箱下方的"以快速蒙版模式编辑"按钮，进入快速蒙版编辑状态，使用"画笔工具"在蒙版区域涂抹，绘制的区域将呈半透明红色显示。

STEP 04 单击工具箱中的"以标准模式编辑"按钮，退出快速蒙版模式，此时蒙版区域中呈红色显示的图像位于生成的选区之外，按【Delete】键删除选区内容。取消选区，设置该图层的图层混合模式为"线性减淡（添加）"。

STEP 05 选择"椭圆工具"，绘制4个"110像素×100像素"的圆，并设置"填充颜色"为"#dc9d27"。选择"横排文字工具"，输入其他文字，设置字体为"方正品尚黑简体"，然后调整文字的颜色、位置和大小。

STEP 06 选择"矩形工具"，绘制"1920像素×310像素"的矩形，调整矩形的颜色和位置。使用"横排文字工具"输入文字，设置字体为"汉仪尚巍手书W"，然后调整文字的颜色、位置和大小。

STEP 07 将"3.png"素材图像拖动到矩形上方，创建图层蒙版，并使用"画笔工具"清除素材四周多余部分。使用相同的方法为"4.png"素材图像创建图层蒙版。

STEP 08 选择"矩形工具"，绘制"1920像素×310像素"的矩形，将"5.png、6.png"素材图像拖动到矩形上方，分别创建剪贴蒙版。

STEP 09 再次选择"矩形工具"，绘制4个"196.25像素×44.5像素"的矩形，调整矩形的位置、大小和颜色。选择"横排文字工具"，输入文字，设置字体为"思源黑体 CN"，调整文字的颜色、位置和大小。

STEP 10 选择"直线工具"，在"五常稻花香""辽宁柳林贡米"文字上下两边绘制直线。

STEP 11 将"图标.png"素材图像拖动到矩形上方，调整图标大小和位置。然后将"底纹.png"素材图像拖动到首页底部，调整素材位置，最后保存文件。

5.3.2 制作生鲜 App 广告弹出页

1. 实训背景

某生鲜App为了迎接国庆节的到来，准备开展"满199元减30元"的营销活动，需要制作生鲜App广告并将该广告运用到首页中，形成首页广告弹出页，便于用户单击优惠券。要求广告内容简明易懂，体现活动主题和活动商品类目，还要具有创意性，带给用户美的视觉感受，最终提升商品的点击率、转化率。

2. 实训思路

（1）确定广告主题。通过实训背景可知，活动主题为"满199元减30元"，活动目的是提高App内的商品销量。因此，这里可将广告主题确定为"满199元可使用30元优惠券"，并同步展示生鲜商品。在设计时，设计人员可在广告的第一视觉点上直观展现广告主题和优惠信息，使广告信息层次分明。

（2）明确字体方案。为了便于消费者快速单击领取广告中的优惠券，这里可设置广告主题的字体为"思源黑体 CN"等字体，该字体便于用户查看。除此之外，还可通过文字大小的对比，在保证画面和

高清彩图

谐、统一的同时，更好地体现画面的层次感，增加视觉设计感。

（3）丰富广告效果。为了让广告效果更加丰富、美观，在完成画面的整体效果后，还可以添加一些装饰元素，如金币、红包、飘带、优惠券等，丰富画面效果，迎合主题。完成最终设计后，还可将广告添加到首页界面中，整体查看弹出广告的效果。

本实训的参考效果如图5-57所示。

图5-57　生鲜App广告弹出页效果

素材所在位置： 素材\第5章\生鲜App广告弹出页素材\

效果所在位置： 效果\第5章\生鲜App广告弹出页.psd、生鲜App广告弹出页展示效果.psd

3. 步骤提示

STEP 01 新建大小为"450像素×450像素"、名称为"生鲜App广告弹出页"的图像文件。

STEP 02 选择"矩形工具" ▢ ，在页面的中间区域绘制"275像素×330像素"、半径为"14像素"的圆角矩形，然后为其添加"渐变叠加"图层样式。

STEP 03 选择"钢笔工具" ✐ ，在圆角矩形上方绘制两个形状，并为形状添加"渐变叠加"和"投影"图层样式。

视频教学：
制作生鲜App
广告弹出页

STEP 04 将"生鲜App广告弹出页素材.psd"素材文件中的金币、红包、飘带、优惠券等素材依次拖动到"生鲜App广告弹出页"文件中，调整素材的大小和位置。

STEP 05 打开"草莓.jpg"素材文件，按【Ctrl+J】组合键复制图层，打开"通道"面板，复制"绿"通道，按【Ctrl+I】组合键反相显示图像。

STEP 06 选择"快速选择工具"🖌，将整个草莓添加到选区内，然后填充"白色"，反向选区，为草莓外的区域填充"黑色"。

STEP 07 按【Shift+Ctrl+I】组合键反向显示图像，返回"图层"面板，按【Ctrl+J】组合键复制通道选区的图像，隐藏"背景"图层和"图层1"图层。

STEP 08 选择"移动工具"✛，将抠取的草莓拖入"生鲜App广告弹出页"文件中，调整大小和位置。选择"钢笔工具"✐，在草莓的上方绘制带弧度的形状，用于后期放置领取信息，绘制完成后设置形状的图层样式，包括"斜面和浮雕""渐变叠加""投影"，完成后将该形状所在图层调整到丝带、金币和红包素材的下方。

STEP 09 选择"椭圆工具"◯，在绘制形状的中心区域绘制"82像素×82像素"的圆，然后为圆添加"斜面和浮雕""描边""渐变叠加""投影"图层样式，使其形成立体的按钮效果。

STEP 10 使用"横排文字工具"Ｔ在广告中输入文字内容，设置字体为"思源黑体CN"，然后调整文字的颜色、位置和大小。

STEP 11 选择并复制"30"文字，将下层"30"文字颜色修改为"白色"，将上层"30"文字颜色修改为"#ff6b22"，然后添加"渐变叠加"图层样式。

STEP 12 选择"矩形工具"▭，在"优惠券"文字图层下方绘制颜色为"#ffecc9"、大小为"59像素×23像素"的矩形，用于衬托优惠券文字。

STEP 13 完成后调整各个形状和素材的位置，然后隐藏背景图层，按【Shift+Ctrl+Alt+E】组合键盖印图层，方便后期使用，完成后按【Ctrl+S】组合键保存文件。

STEP 14 打开"生鲜App首页.psd"素材文件，将盖印后的广告弹出页拖动到首页中，调整大小和位置，最后保存文件。

5.4 课后练习

练习 1 制作读书App启动页界面

制作某读书App启动页界面用于宣传App，以吸引更多读者进入App阅读图书，扩大App的影响力。制作时可通过图层蒙版、文字、椭圆工具展现App宣传内容，参考效果如图5-58所示。

素材所在位置：素材\第5章\读书素材\

效果所在位置：效果\第5章\读书App启动页界面.psd

高清彩图

某饮料企业需要制作七夕节开屏界面，要求以牛郎织女的故事作为设计点，通过文案体现优惠折扣、活动信息，以吸引消费者。制作时可以通过蒙版抠取故事场景，然后输入文字体现活动信息，制作完成后的参考效果如图5-59所示。

高清彩图

素材所在位置：素材\第5章\七夕节开屏界面素材\

效果所在位置：效果\第5章\七夕节开屏界面.psd

图5-58　读书App启动页界面效果

图5-59　七夕节开屏界面效果

某旅行网发现到云南旅行的游客越来越多，准备制作云南旅行专题内页，用于吸引更多游客。制作时可通过图层蒙版、文字、矩形工具制作旅行网内页，制作完成后的参考效果如图5-60所示。

高清彩图

素材所在位置：素材\第5章\旅行网内页素材\

效果所在位置：效果\第5章\旅行网内页.psd

云南

| 首页 | 住宿 |

美丽云南，寻梦之旅

作者：墨韵西西

热门景点推荐

国内精选　　　景点门票　　　住宿

拉市海
清新优美的草原湿地
345条点评

玉龙雪山索道
近距离感受冰川魅力
145条点评

丽江古城
百年古镇小桥流水古朴悠闲
85条点评

丽江千古情
观看精彩的千古情表演
45条点评

泸沽湖
赏高原明珠，感云南风俗
10条点评

太平山顶
近距离观看壮丽冰山
75条点评

🌐 去旅行	🛡 寻优惠	🍃 看攻略	♻ 查服务	App
跟团游　亲子行	特卖	攻略	帮助中心	
自由行　蜜月游	订酒店　返现金	游记	会员俱乐部	
公司旅行　海岛游	积分商店	达人玩法	阳光保障	
当地玩乐　旅拍	银行特惠游		火车时刻表	
			航班查询	

图5-60　旅行网内页效果

第**6**章 添加界面特效

在UI设计时，设计人员可以对界面中的图像进行特殊处理，如制作扭曲、马赛克、浮雕、划痕等特效，使界面效果更具特色，以吸引用户注意，这些特殊效果可以通过Photoshop的滤镜功能实现。Photoshop提供了多种滤镜，既有滤镜库，也有独立滤镜和滤镜组，并且每个滤镜组还包含多种滤镜，能够满足UI设计的特效设计需求。

📖 **学习目标**

◎ 掌握滤镜库的基本操作
◎ 掌握独立滤镜的应用方法
◎ 掌握滤镜组的应用方法

◈ **素养目标**

◎ 培养灵活使用滤镜的能力
◎ 培养制作界面特效的创意性思维

◈ **案例展示**

读书App引导页　　　　旅行App登录页　　　　天气预报日签

6.1
应用滤镜库

在UI设计中，为了使界面效果更具设计感，如使界面的背景产生线条感、肌理感或制作成水墨风等，我们可以使用滤镜库来快速完成。滤镜库可以看作是存放常用滤镜的仓库，通过滤镜库能快速找到相应的滤镜并进行快速设置和效果预览。

6.1.1 课堂案例——制作读书 App 引导页

案例说明：制作某读书App与夏至有关的引导页用于迎接夏至节气，要求尺寸为750像素×1624像素，以"荷花"为设计点，应用滤镜，使效果更具质感，参考效果如图6-1所示。

知识要点：滤镜库。

素材位置：素材\第6章\读书App引导页素材\

效果位置：效果\第6章\读书App引导页.psd、读书App引导页展示效果.psd

高清彩图

图6-1 参考效果

✍ 设计素养

在设计节气类引导页时，我们可以一些与节气有关的习俗作为设计点来体现节气，也可采用只有该节气才会出现的自然风光作为场景体现节气信息，然后将提炼的节气设计点与 App 相关内容结合，完成节气类引导页设计。

具体操作步骤如下。

STEP 01 新建大小为"750像素×1624像素"、分辨率为"72像素/英寸"、颜色模式为"RGB颜色"、名称为"读书App引导页"的文件。

STEP 02 打开"夏日荷花.jpg"图像，将其添加到"读书App引导页"文件中，调整大小和位置，如图6-2所示。

视频教学：
制作读书 App 引导页

STEP 03 选择【滤镜】/【滤镜库】命令，打开"滤镜库"对话框，在中间的"扭曲"选项下选择"玻璃"选项，在右侧设置扭曲度为"1"、平滑度为"2"、纹理为"磨砂"、缩放为"100%"，如图6-3所示。

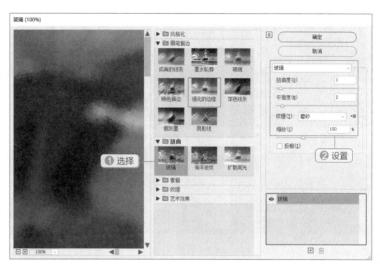

图6-2　添加素材到文件　　　　　　　　　　图6-3　设置玻璃滤镜

STEP 04 单击"新建效果图层"按钮🔳，新建效果图层，在中间的"画笔描边"下选择"喷溅"选项，在右侧设置喷色半径为"4"、平滑度为"2"，如图6-4所示。

STEP 05 单击"新建效果图层"按钮🔳，新建效果图层，在中间的"画笔描边"下选择"成角的线条"选项，在右侧设置方向平衡为"37"、描边长度为"16"、锐化程度为"1"，单击 确定 按钮，如图6-5所示。

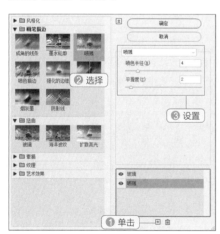

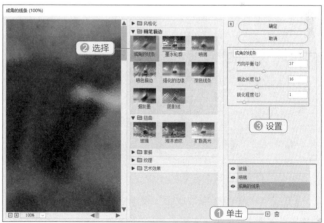

图6-4　设置"喷溅"滤镜　　　　　　　　　图6-5　设置"成角的线条"滤镜

STEP 06 按【Ctrl+J】组合键复制图层，然后设置图层混合模式为"叠加"、不透明度为"50%"，效果如图6-6所示。

STEP 07 选择"横排文字工具"🅣，输入"SUMMER SOLSTICE"文字，设置字体为"方正品尚黑简体"，设置文本颜色为"白色"、文字大小为"120 点"，效果如图6-7所示。

STEP 08 选择"图层 1"图层，按【Ctrl+J】组合键复制图层，然后将复制后的图层拖动到文字图层上方，按【Alt+Ctrl+G】组合键创建剪贴蒙版，调整图像在文字中的位置，如图6-8所示。

图6-6 设置图层　　　　　　　图6-7 输入英文文字　　　　　　图6-8 创建剪贴蒙版

STEP 09 选择"横排文字工具" T ，输入"夏至""XIA ZHI"文字，设置字体为"方正品尚黑简体"，调整文字大小、位置和颜色，效果如图6-9所示。

STEP 10 双击"夏至"图层右侧的空白区域，打开"图层样式"对话框，单击选中"内阴影"复选框，设置颜色为"#61af7b"、不透明度为"70%"、距离为"5像素"、阻塞为"7%"、大小为"5像素"，如图6-10所示。

图6-9 输入文字　　　　　　　　　　　　　　　图6-10 设置内阴影参数

STEP 11 单击选中"投影"复选框，设置颜色为"#1c95b1"、不透明度为"35%"、距离为"3像素"、扩展为"0%"、大小为"7像素"，单击 确定 按钮，如图6-11所示。

STEP 12 打开"图标.png"图像，将其添加到"读书App引导页"文件中，调整大小和位置，然后在图标下方使用"横排文字工具" T 输入"诚悦读书"文字，设置字体为"汉仪长宋简"，调整大小和位置，如图6-12所示。

STEP 13 选择"竖排文字工具" IT ，在左上角输入文字，设置字体为"汉仪长宋简"，调整文字大小、位置和颜色，完成后保存文件，完成读书App引导页的制作，效果如图6-13所示。若需要查看手机展示效果，则可将海报置入提供的展示素材中查看。

图6-11 添加图像

图6-12 添加图标和文字

图6-13 查看效果

6.1.2 认识滤镜库

滤镜库提供了"风格化""画笔描边""扭曲""素描""纹理"和"艺术效果"6个滤镜组。选择【滤镜】/【滤镜库】命令，打开"滤镜库"对话框，如图6-14所示。

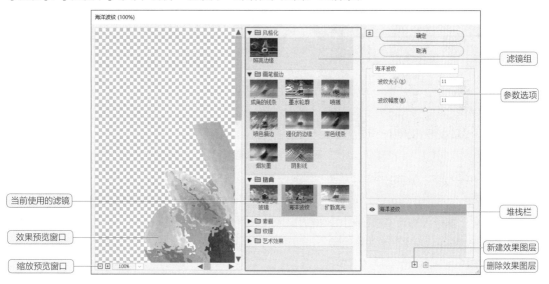

图6-14 "滤镜库"对话框

"滤镜库"对话框中各组成部分的作用如下。

● 效果预览窗口：用于预览滤镜效果。

● 缩放预览窗口：单击□按钮，可缩小效果预览窗口显示比例；单击□按钮，可放大效果预览窗口显示比例。

- 滤镜组：用于显示滤镜库中的各种滤镜效果。单击滤镜组名左侧的▶按钮，可展开相应的滤镜组，单击滤镜缩览图可预览滤镜效果。
- 参数选项：用于设置选择滤镜效果后的各个参数，可对该滤镜的效果进行调整。
- 堆栈栏：用于显示已应用的滤镜效果，可对滤镜进行隐藏、显示等操作，与"图层"面板类似。
- 新建效果图层：单击"新建效果图层"按钮▣，可新建一个滤镜图层，用于对图像的滤镜效果进行叠加。
- 删除效果图层：单击"删除效果图层"按钮▣，可删除一个滤镜图层，用于取消图像中的滤镜效果。

6.1.3 使用滤镜库

滤镜库包含多种滤镜，各滤镜的使用方法相似，具体方法为：打开一张图像，选择【滤镜】/【滤镜库】命令，打开"滤镜库"对话框，在"滤镜组"中选择需要的滤镜，在右侧的"参数选项"中设置所选滤镜的参数，单击 确定 按钮，如图6-15所示。

图6-15 使用滤镜库

滤镜库中各个滤镜的作用如下。

1. "风格化"滤镜组

"风格化"滤镜组用于生成印象派风格的图像效果，其中只有"照亮边缘"一种滤镜效果。使用"照亮边缘"滤镜可以照亮图像边缘轮廓。

2. "画笔描边"滤镜组

"画笔描边"滤镜组用于模拟使用不同的画笔或油墨笔刷来勾画图像，产生绘画效果。该滤镜组提供了8种滤镜效果。

- 成角的线条："成角的线条"滤镜可以使图像中的颜色朝一定的方向流动，从而产生类似倾斜划痕的效果。
- 墨水轮廓："墨水轮廓"滤镜模拟使用纤细的线条在图像原细节上重绘图像，从而生成钢笔画风格的图像效果。

- 喷溅："喷溅"滤镜可以使图像产生类似笔墨喷溅的自然效果。
- 喷色描边："喷色描边"滤镜和"喷溅"滤镜效果比较类似，可以使图像产生飞溅的斜纹效果。
- 强化的边缘："强化的边缘"滤镜可以对图像的边缘进行强化处理。
- 深色线条："深色线条"滤镜是用短而密的线条来绘制图像的深色区域，用长而白的线条来绘制图像的浅色区域。
- 烟灰墨："烟灰墨"滤镜模拟使用蘸满黑色油墨的湿画笔在宣纸上绘画的效果。
- 阴影线："阴影线"滤镜可以使图像表面生成交叉状倾斜划痕的效果。其中"强度"数值框用于控制交叉划痕的强度。

3. "扭曲"滤镜组

"扭曲"滤镜组可以对图像进行扭曲变形处理，该滤镜组提供了3种滤镜效果。

- 玻璃："玻璃"滤镜可以制造出不同的纹理，让图像产生一种隔着玻璃观看的效果。
- 海洋波纹："海洋波纹"滤镜可以扭曲图像表面，使图像产生在水面下方的效果。
- 扩散亮光："扩散亮光"滤镜可以以背景色为基色对图像进行渲染，产生透过柔和漫射滤镜观看的效果。亮光从图像的中心位置逐渐隐没。

4. "素描"滤镜组

"素描"滤镜组用于在图像中添加纹理，使图像产生素描、速写、三维等艺术绘画效果。该滤镜组提供了14种滤镜效果。

- 半调图案："半调图案"滤镜可以用前景色和背景色在图像中模拟半调网屏的效果。
- 便条纸："便条纸"滤镜能模拟凹陷压印图案，产生草纸画效果。
- 粉笔和炭笔："粉笔和炭笔"滤镜可以使图像产生被粉笔和炭笔涂抹的草图效果。在处理过程中，粉笔使用背景色来处理图像较亮的区域，炭笔使用前景色来处理图像较暗的区域。
- 铬黄渐变："铬黄渐变"滤镜可以让图像像擦亮的铬黄表面一样，产生类似液态金属的效果。
- 绘图笔："绘图笔"滤镜可以生成一种钢笔画素描效果。
- 基底凸现："基底凸现"滤镜可模拟浅浮雕在光照下的效果。
- 石膏效果："石膏效果"滤镜可以使图像看上去好像用立体石膏压模而成。使用前景色和背景色上色，图像中较暗的区域凸出，较亮的区域凹陷。
- 水彩画纸："水彩画纸"滤镜可以模拟在潮湿的纤维纸上涂抹颜色，产生画面浸湿、纸张扩散的效果。
- 撕边："撕边"滤镜可以使图像呈粗糙和撕破的纸片状，并使用前景色与背景色为图像着色。
- 炭笔："炭笔"滤镜将产生色调分离的涂抹效果，主要边缘用粗线条绘制，中间色调用对角描边线绘制。
- 炭精笔："炭精笔"滤镜可以模拟使用炭精笔绘制图像的效果，在暗区使用前景色绘制，在亮区使用背景色绘制。
- 图章："图章"滤镜能简化图像、突出主体，产生类似橡皮和木制图章的效果。
- 网状："网状"滤镜能模拟胶片感光乳剂的受控收缩和扭曲的效果，使图像的暗色调区域好像被结块化，高光区域好像被颗粒化。

- 影印："影印"滤镜可以模拟影印效果，并用前景色填充图像的亮区，用背景色填充图像的暗区。

5."纹理"滤镜组

"纹理"滤镜组可以为图像应用多种纹理效果，产生材质感。该滤镜组提供了6种滤镜效果。

- 龟裂缝："龟裂缝"滤镜可以在图像中随机生成龟裂纹理，并使图像产生浮雕效果。
- 颗粒："颗粒"滤镜可以模拟将不同种类的颗粒纹理添加到图像中的效果。在"颗粒类型"下拉列表中可以选择多种颗粒形态。
- 马赛克拼贴："马赛克拼贴"滤镜可以产生分布均匀但形状不规则的马赛克拼贴效果。
- 拼缀图："拼缀图"滤镜可以使图像产生由多个方块拼缀的效果，每个方块的颜色是由该方块中像素的平均颜色决定的。
- 染色玻璃："染色玻璃"滤镜可以使图像产生由不规则的玻璃网格拼凑出来的效果。
- 纹理化："纹理化"滤镜可以向图像添加系统提供的各种纹理效果，或者根据另一个图像文件的亮度值向图像添加纹理效果。

6."艺术效果"滤镜组

"艺术效果"滤镜组可以模仿传统绘画手法，为图像添加绘画效果或艺术特效。该滤镜组提供了15种滤镜效果。

- 壁画："壁画"滤镜将用短而圆、粗而轻的小块颜料涂抹图像，产生风格较粗犷的效果。
- 彩色铅笔："彩色铅笔"滤镜可以模拟用彩色铅笔在纸上绘图的效果，同时保留重要边缘，外观呈粗糙阴影线。
- 粗糙蜡笔："粗糙蜡笔"滤镜可以模拟蜡笔在纹理背景上绘图，产生一种纹理浮雕效果。
- 底纹效果："底纹效果"滤镜可以使图像产生喷绘效果。
- 干画笔："干画笔"滤镜能模拟用干画笔绘制图像边缘的效果。该滤镜通过将图像的颜色范围减少为常用颜色区来简化图像。
- 海报边缘："海报边缘"滤镜可以根据设置的海报化选项，减少图像中的颜色数量，查找图像的边缘并在上面绘制黑线。
- 海绵："海绵"滤镜可以模拟海绵在图像上绘画的效果，使图像带有强烈的对比色纹理。
- 绘画涂抹："绘画涂抹"滤镜可以模拟使用各种画笔涂抹的效果。
- 胶片颗粒："胶片颗粒"滤镜可以在图像表面产生胶片颗粒状的纹理效果。
- 木刻："木刻"滤镜可以使图像产生木雕画效果。
- 霓虹灯光："霓虹灯光"滤镜可以将霓虹灯光添加到图像中的对象上，使图像产生被灯光照射的效果。
- 水彩："水彩"滤镜可以简化图像细节，以水彩的风格绘制图像，产生水彩画效果。
- 塑料包装："塑料包装"滤镜可以使图像表面产生类似透明塑料袋包裹物体的效果。
- 调色刀："调色刀"滤镜可以减少图像中的细节，生成淡淡描绘的图像效果。
- 涂抹棒："涂抹棒"滤镜可以用较短的对角线涂抹图像的较暗区域来柔和图像，增大图像的对比度。

技能提升

图6-16所示为某水果企业针对中秋节设计的活动页，请结合本小节讲述的知识，分析该作品并进行练习。

高清彩图

（1）活动页中的Banner部分运用了滤镜库中的哪种滤镜？分类列表区域中的图片运用了滤镜库中的哪种滤镜？

_____

_____

（2）尝试利用提供的素材（素材位置：素材\第6章\红薯.jpg）设计生鲜App引导页，从而举一反三，进行思维拓展与能力提升。

效果示例

图6-16 中秋节活动页

6.2
应用独立滤镜

独立滤镜的参数设置比一般的滤镜参数更为复杂，在UI设计中使用独立滤镜不仅可调整图像颜色，还可校正图像角度或进行液化处理等。常见的独立滤镜包括Camera Raw、镜头校正、自适应广角、液化、消失点等。

6.2.1 课堂案例——制作旅行 App 登录页

案例说明： 某旅行App需要制作登录页，方便用户登录。为了更好地宣传旅行服务内容，要求在登录页中直接采用旅行风景作为背景，并添加"旅行就是说走就走的生活"等文字，要求尺寸为750像素×1624像素，效果美观、界面简洁，方便输入登录信息，参考效果如图6-17所示。

高清彩图

知识要点：Camera Raw、镜头校正、自适应广角、液化、消失点等滤镜。

素材位置：素材\第6章\旅行App登录页\

效果位置：效果\第6章\旅行App登录页.psd、旅行App登录页展示效果.psd

具体操作步骤如下。

STEP 01 新建大小为"750像素×1624像素"、分辨率为"72像素/英寸"、颜色模式为"RGB颜色"、名称为"旅行App登录页"的文件。

视频教学：
制作旅行App
登录页

图6-17　参考效果

STEP 02 打开"风景.jpg"图像，将其添加到"旅行App登录页"文件中，调整大小和位置，按【Ctrl+J】组合键复制图层，如图6-18所示。

STEP 03 查看素材发现风景图片的颜色对比不够明显，需要调整。选择【滤镜】/【Camera Raw滤镜】命令，打开"Camera Raw"对话框，在"基本"栏下方的列表中设置"色温、色调、曝光、对比度、高光、阴影 、清晰度"分别为"-10、+15、+1.00、+30、-30、-70、+20"，如图6-19所示。

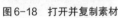

图6-18　打开并复制素材

图6-19　设置颜色

STEP 04 在"曲线"栏下方的列表设置"高光、亮调、暗调、阴影"分别为"-1、+36、+11、+8",完成后单击 确定 按钮,如图6-20所示。

STEP 05 为了凸显整个快艇,这里可将快艇部分放大。选择【滤镜】/【镜头校正】命令,打开"镜头校正"对话框,在左侧选择"移去扭曲工具" 🔲,然后在快艇部分单击,此时可发现快艇区域已放大,如图6-21所示,单击 确定 按钮,效果如图6-22所示。

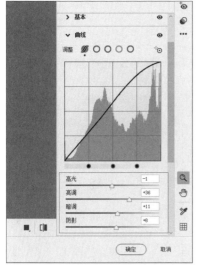  

图6-20 调整曲线　　　　　图6-21 调整镜头校正滤镜　　　图6-22 查看滤镜效果

STEP 06 风景图片通过颜色调整后,其顶部存在图像消失的情况,我们需要对该区域进行调整。选择【滤镜】/【消失点】命令,打开"消失点"对话框,在左侧选择"创建平面工具" 🔲,在图像顶部消失区域绘制形状,选择"吸管工具" 🖋,在绘制区域下方的深色部分单击吸取颜色。选择"画笔工具" 🖊,在顶部工具属性栏中设置直径为"176"、硬度为"50"、不透明度为"70",在框选区域涂抹以补充颜色,完成后单击 确定 按钮,效果如图6-23所示。

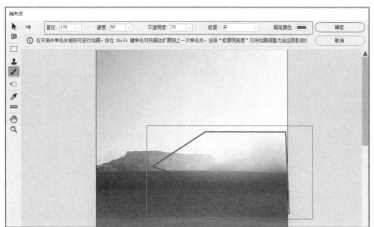 

图6-23 调整消失点

STEP 07 选择"横排文字工具" **T**，输入"旅行就是说走就走的生活"文字，设置字体为"方正超粗黑简体"、文本颜色为"#017cbf"，调整文字大小、位置。复制文字，使文字形成叠加效果，然后将复制文字的文本颜色修改为"白色"，效果如图6-24所示。

STEP 08 选择"矩形工具" **□**，在工具属性栏中设置填充颜色为"白色"、圆角半径为"10 像素"，然后在文字下方绘制"680像素×620像素"的矩形，如图6-25所示。

STEP 09 栅格化矩形，方便后期添加滤镜。选择【滤镜】/【杂色】/【添加杂色】命令，打开"添加杂色"对话框，设置数量为"25%"，单击 确定 按钮，如图6-26所示。

图6-24 输入文字　　　　　　　图6-25 绘制矩形　　　　　　　图6-26 添加杂色

STEP 10 双击矩形所在图层，打开"图层样式"对话框，选择"混合选项"选项，在右侧设置填充不透明度为"30%"，如图6-27所示。

STEP 11 单击选中"投影"复选框，设置颜色为"#0077ac"、不透明度为"55%"、距离为"4 像素"、扩展为"3%"、大小为"30像素"，单击 确定 按钮，如图6-28所示。

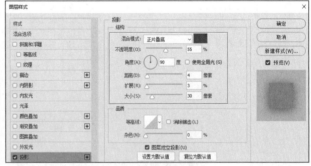

图6-27 设置混合选项　　　　　　　　　图6-28 设置投影参数

STEP 12 新建图层，选择"画笔工具" **✎**，在工具属性栏中设置画笔样式为"Kyle的终极粉彩派对"、画笔大小为"80像素"，在矩形上方绘制一条横线，如图6-29所示。

STEP 13 选择【滤镜】/【液化】命令，打开"液化"对话框，在左侧选择"向前变形工具" **✍**，在右侧的"画笔工具选项"栏中设置大小为"125"、密度为"98"、压力为"9"，然后在直线右端进行涂抹，调整液化形状，如图6-30所示，单击 确定 按钮。

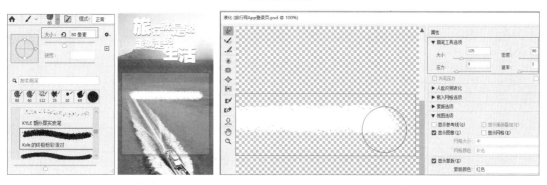

图6-29 绘制横线 　　　　　　　　　　　　　　　　　　　　　图6-30 液化横线

STEP 14 水平翻转绘制的形状，然后按住【Alt】键向下拖动复制形状。打开"矢量图.png"素材图像，将其添加到"旅行App登录页"文件中形状的上方，调整大小和位置，如图6-31所示。

STEP 15 选择"矩形工具" ▢，在工具属性栏中设置填充颜色为"#0075e1"、圆角半径为"30像素"，然后在文字下方绘制"310像素×70像素"的圆角矩形，如图6-32所示。

STEP 16 使用"横排文字工具" Ｔ，输入文字，设置字体为"思源黑体 CN"、文字颜色为"#0075e1"，修改"立即登录""立即注册"的文字颜色为"白色"，调整文字大小和位置。

STEP 17 完成后保存文件，完成旅行网App登录页的制作，如图6-33所示。若需要查看手机展示效果，则可将旅行App登录页置入提供的展示素材中进行查看。

图6-31 添加素材 　　　　　　　图6-32 绘制圆角矩形 　　　　　　　图6-33 查看完成后的效果

6.2.2 Camera Raw 滤镜

Camera Raw滤镜是主要针对RAW格式照片进行后期处理的工具，它支持所有RAW格式并自动关联，比如常见的NEF、CR2.ARW、DNG等。使用Camera Raw滤镜可实现大多数后期处理功能，如调色、修复图像、蒙版等操作。选择【滤镜】/【Camera Raw滤镜】命令或按【Shift+Ctrl+A】组合键，可打开"Camera Raw 14.0"对话框，如图6-34所示。

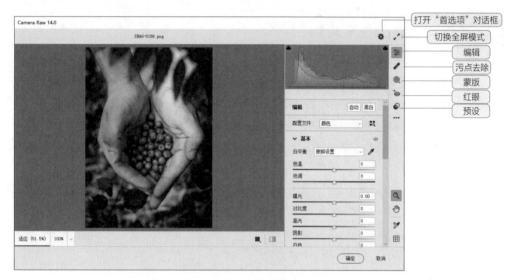

图6-34 "Camera Raw 14.0"对话框

"Camera Raw 14.0"对话框中主要选项的含义如下。

- "打开首选项对话框"按钮 ⚙：单击该按钮或按【Ctrl+K】组合键，可打开"Camera Raw首选项"对话框，在其中可进行外观、面板、缩放平移等设置。
- "切换全屏模式"按钮 ⤢：单击该按钮，可将对话框切换为全屏显示，再次单击可恢复当前显示。
- "编辑"按钮 ⚏：在右侧单击该按钮，左侧将显示"编辑"面板，其中包括基本、曲线、细节、混色器、颜色分级、光学、几何、效果、校准等选项，展开各个选项，可进行颜色调整。
- "污点去除"按钮 ✎：在右侧单击该按钮，左侧将显示"污点去除"面板，在其中可进行修复大小、羽化、不透明度等设置，在左侧的预览区可进行修复操作，其修复方法与"污点修复画笔工具" ✎ 的修复方法相同。
- "蒙版"按钮 ⬤：在右侧单击该按钮，左侧将显示"蒙版"面板，在其中可根据蒙版的对象选择需要创建的蒙版，如需要对人物或动物等主体对象创建蒙版可选择"主体对象"选项，需要对背景区域创建蒙版可选择"天空"选项，Camera Raw将自动对素材创建蒙版，创建后还可使用"画笔工具" ✎ 等调整蒙版区域，其操作方法与"图层蒙版"的操作方法相同。
- "红眼"按钮 👁：在右侧单击该按钮，左侧将显示"红眼工具"面板，在其中可设置瞳孔大小、变暗等参数，在左侧的预览区可进行红眼修复操作，其修复方法与"红眼工具" 👁 的操作方法相同。
- "预设"按钮 ◉：在右侧单击该按钮，左侧将显示"预设"面板，在其中罗列了Camera Raw预设的不同类型的调整效果，如人像、风格、样式、主题、颜色、创意等，设计人员可根据需求添加预设的样式。

"Camera Raw 14.0"对话框右上角有用于显示颜色的直方图，它是一个非常重要的参考工具，显示了照片的色阶分布，可对照片的明暗色调分布进行调整与查看。

6.2.3 镜头校正

使用相机拍摄照片时可能会因为一些外在因素造成镜头失真、晕影、色差等问题。这时可通过"镜头校正"滤镜对图像进行校正，修复由于镜头原因出现的问题。选择【滤镜】/【镜头校正】命令，打开"镜头校正"对话框，可在其中设置校正参数，如图6-35所示。

图6-35 "镜头校正"对话框

"镜头校正"对话框中各选项的作用如下。

- "移去扭曲工具" ⊞：选择移去扭曲工具，拖曳图像可校正镜头的失真。
- "拉直工具" ⊟：选择拉直工具，拖曳鼠标绘制一条直线，可以将图像拉直到新的横轴或纵轴。
- "移动网格工具" ⬚：选择移动网格工具，可移动网格，使网格和图像对齐。
- "几何扭曲"栏："几何扭曲"栏可配合"移去扭曲工具" ⊞校正镜头失真。当数值为负值时，图像将向外扭曲；当数值为正值时，图像将向内扭曲。
- "色差"栏："色差"栏用于校正图像的色边。
- "晕影"栏："晕影"栏用于校正由于拍摄原因边缘较暗的图像。其中"数量"选项用于设置沿图像边缘变亮或变暗的程度，"中点"选项用于控制校正的范围区域。
- "变换"栏："变换"栏用于校正相机向上或向下出现的透视问题。

🔔 **提示**

设置垂直透视为"-100"时图像将变为俯视效果；设置水平透视为"100"时图像将变为仰视效果。"角度"选项用于旋转图像，可校正相机的倾斜。"比例"选项用于控制镜头校正的比例。

6.2.4 液化

"液化"滤镜可以对图像的任意部分进行各种类似液化效果的变形处理，如收缩、膨胀、旋转等，多用于人物修身。"液化"滤镜是修饰图像和创建艺术效果的有效方法。在液化过程中，我们可以对各种效果程度进行随意控制。选择【滤镜】/【液化】命令，打开"液化"对话框，如图6-36所示。

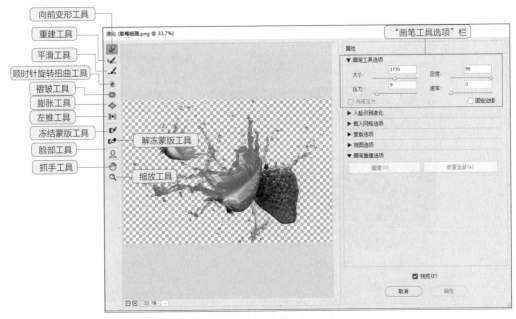

图6-36 "液化"对话框

"液化"对话框中主要选项的含义如下。

- "向前变形工具" 🖌️：选择向前变形工具，可使被涂抹区域内的图像产生向前位移的效果。
- "重建工具" 🖌️：选择重建工具，在液化变形后的图像上涂抹可将图像中的变形效果还原为原图像。
- "平滑工具" 🖌️：选择平滑工具，可将轻微扭曲的边缘抚平。
- "顺时针旋转扭曲工具" 🌀：选择顺时针旋转扭曲工具，可顺时针旋转图像。
- "褶皱工具" 🔲：选择褶皱工具，可以使图像产生向内压缩变形的效果。
- "膨胀工具" ◆：选择膨胀工具，可以使图像产生向外膨胀放大的效果。
- "左推工具" 🔳：选择左推工具，可以使图像中的像素发生位移的变形效果。
- "冻结蒙版工具" 🖌️：选择冻结蒙版工具，在图像中涂抹确定冻结区域，当使用"向前变形工具" 🖌️、"褶皱工具" 🔲、"左推工具" 🔳等工具时，冻结区域将不能编辑。

- "解冻蒙版工具" 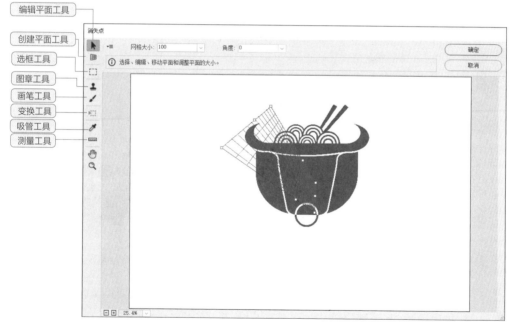：选择解冻蒙版工具，在冻结后的图像上涂抹可将冻结区域还原为原图像，还原后即可进行变形操作。
- "脸部工具" ：选择脸部工具，将自动捕捉人物脸部区域，在对话框右侧可对人物的脸部区域进行调整。
- "抓手工具" ：选择抓手工具，可在预览窗口中抓取并移动图像，以查看图像显示区域。
- "缩放工具" ：选择缩放工具，在图像预览窗口上单击鼠标可放大/缩小图像显示区域。
- "画笔工具选项" 栏："大小"数值框用于设置扭曲图像的画笔宽度；"压力"数值框用于设置画笔在图像上产生的扭曲速度，较低的压力可减慢速度，易于控制变形效果；"密度"数值框用于设置扭曲图像的画笔密度；"速率"数值框用于设置扭曲图像的画笔速率。

6.2.5　消失点

使用"消失点"滤镜可以在选择的图像区域内进行克隆、喷绘、粘贴图像等操作，且操作会自动应用透视原理，按照透视的角度和比例来适应图像的修改。选择【滤镜】/【消失点】命令或按【Alt+Ctrl+V】组合键，打开"消失点"对话框，如图6-37所示。

图6-37　"消失点"对话框

"消失点"对话框中各选项的含义如下。

- "编辑平面工具" ：选择编辑平面工具，可以选择、编辑网格。
- "创建平面工具" ：选择创建平面工具，可在现有的平面中定义平面角点来创建新的平面。
- "选框工具" ：选择选框工具，可在创建的平面中建立选区，从而移动选区内容。
- "图章工具" ：选择图章工具，可产生与仿制图章工具相同的效果。
- "画笔工具" ：选择画笔工具，可使用画笔功能绘制图像。

- "变换工具" ⊞：选择变换工具，可对网格区域的图像进行变换操作。
- "吸管工具" ✐：选择吸管工具，可设置绘图的颜色。
- "测量工具" ▭：选择测量工具，可测量对象的距离和角度。

🔗 资源链接

滤镜可以修改图像的外观，而智能滤镜则是非破坏性的滤镜，即应用滤镜后仍然可以很轻松地还原原始图像效果，不必担心滤镜会真正对原始图像造成破坏性影响。关于智能滤镜的使用，读者可扫描右侧二维码查看详细内容。

扫码看详情

疑难解答

在应用滤镜时，为什么有些图层不能直接添加滤镜？

不是所有图层都能直接添加滤镜的。对文字、形状等类型的图层添加滤镜需要先将该类图层转换为智能对象，或是对该图层进行栅格化处理，然后才能添加滤镜。

技能提升

图6-38所示为某企业的标志，请结合本小节所讲知识，分析该作品并进行练习。

（1）标志中水滴下落的效果可通过哪种滤镜来实现？

高清彩图

图6-38　某企业标志

_____

_____

_____

（2）尝试输入"H"文字，应用该文字设计一款水滴下落的标志，从而举一反三，进行思维拓展与能力提升。

效果示例

6.3 应用滤镜组

除了独立滤镜，Photoshop中还有很多滤镜组用于快速对图像进行特效处理。在进行UI设计时，设计人员可根据设计需求选择对应滤镜组中的滤镜进行特效的制作。常见的滤镜组包括风格化滤镜组、模糊滤镜组、扭曲滤镜组、锐化滤镜组、像素化滤镜组、渲染滤镜组、杂色滤镜组和其他滤镜组等。

6.3.1 课堂案例——制作天气预报日签

案例说明：某天气预报App需要制作天气预报日签，在设计时要求采用相同天气的旅行风景作为背景，并添加天气信息。另外，为了提升用户对App的好感度，设计人员还可以添加一些正能量或励志的文字。要求尺寸为1080像素×1920像素，效果美观、简洁，能很好地展现天气预报信息，参考效果如图6-39所示。

知识要点：风格化滤镜组、模糊滤镜组、扭曲滤镜组、像素化滤镜组、渲染滤镜组。

素材位置：素材\第6章\天气预报日签\

效果位置：效果\第6章\天气预报日签.psd

高清彩图

视频教学：
制作天气预报日签

图6-39 参考效果

📝 设计素养

日签是一种记录生活的方式，通常由图片、日签主题、励志语句等组成，在设计时通常采用上中下构图、对角线构图、垂直居中构图、四角定位构图方式来进行构图。上中下构图是指将日签划分为上、中、下3块，将主要元素放在日签的上方、下方或者中间位置；对角线构图是指将日签主要元素（文字内容或图形、图片素材）放在对角线的位置上；垂直居中构图是指将日签主要元素居中放置；四角定位构图是指将日签标题文字放在版面的四角，使整个日签效果稳固、突出、有特色。

具体操作步骤如下。

STEP 01 新建大小为"1080像素×1920像素"、分辨率为"72像素/英寸"、颜色模式为"RGB颜色"、名称为"天气预报日签"的文件。

STEP 02 打开"风景.jpg"图像，将其添加到"天气预报日签"中，调整大小和位置，按

【Ctrl+J】组合键复制图层，如图6-40所示。

STEP 03 选择【滤镜】/【风格化】/【风】命令，打开"风"对话框，单击选中"风"单选按钮和"从右"单选按钮，单击 确定 按钮，如图6-41所示。

STEP 04 选择【滤镜】/【模糊】/【高斯模糊】命令，打开"高斯模糊"对话框，设置半径为"1.5像素"，单击 确定 按钮，效果如图6-42所示。

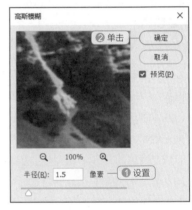

图6-40 打开素材　　　　　图6-41 应用"风"滤镜　　　　　图6-42 应用"高斯模糊"滤镜

STEP 05 选择【滤镜】/【扭曲】/【水波】命令，打开"水波"对话框，设置数量为"4"、起伏为"3"，单击 确定 按钮，效果如图6-43所示。

STEP 06 按【Ctrl+J】组合键复制图层，选择【滤镜】/【像素化】/【碎片】命令，Photoshop将直接对图像进行碎片化处理，效果如图6-44所示。

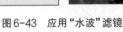

图6-43 应用"水波"滤镜　　　　　　　图6-44 碎片效果

STEP 07 选择"矩形工具" ▢，在工具属性栏中设置填充颜色为"#f4f8fb"、圆角半径为"20像素"，如图6-45所示。

STEP 08 双击圆角矩形所在图层右侧的空白区域，打开"图层样式"对话框，单击选中"投影"复选框，设置颜色为"#034c59"、不透明度为"75%"、角度为"80度"、距离为"8像素"、扩展为"20%"、大小为"20像素"，单击 确定 按钮，如图6-46所示。

STEP 09 复制矩形，然后将复制后的矩形大小调整为480像素×245像素，如图6-47所示。

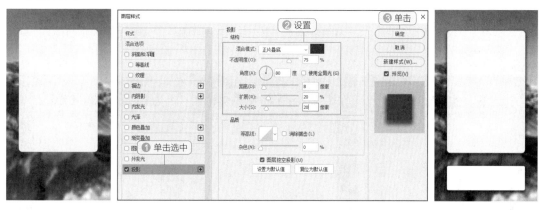

图6-45 绘制圆角矩形　　　　　图6-46 添加投影　　　　　图6-47 复制矩形

STEP 10 选择"椭圆工具" ⬭，在工具属性栏中设置填充颜色为"#f4f8fb"，绘制"25像素×25像素"的圆。

STEP 11 双击圆所在图层右侧的空白区域，打开"图层样式"对话框，单击选中"内阴影"复选框，设置颜色为"#616260"、不透明度为"80%"、角度为"121度"、距离为"3像素"、阻塞为"0%"、大小为"8像素"，如图6-48所示。

STEP 12 单击选中"渐变叠加"复选框，设置渐变颜色为"#296299、#6fa8e7"、样式为"径向"、角度为"142度"，单击 确定 按钮，如图6-49所示。

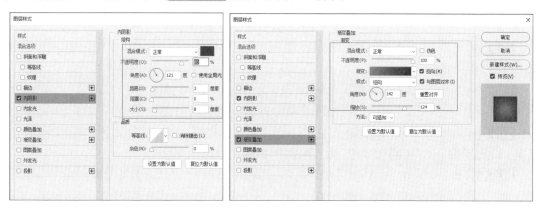

图6-48 设置内阴影参数　　　　　图6-49 设置渐变叠加参数

STEP 13 复制12个圆，然后将下方圆的渐变叠加颜色修改为"#164e61、#7c8e91"，选择"矩形工具" ▢，在工具属性栏中设置填充颜色为"白色"、圆角半径为"20像素"，然后在下方圆的上方绘制两个"12像素×212像素"的圆角矩形，如图6-50所示。

STEP 14 选择"矩形工具" ▭，在工具属性栏中设置填充颜色为"白色"、圆角半径为"20像素"，然后在大圆角矩形底部绘制"607像素×388像素"的圆角矩形。

STEP 15 复制原始的风景图层，然后将该图层移动到上一步绘制的矩形图层上，按【Alt+Ctrl+G】组合键创建剪贴蒙版，然后调整风景图片的大小。

STEP 16 打开"图标.png""二维码.png"素材文件，将二维码和图标拖动到图像中，调整大小和位置，效果如图6-51所示。

STEP 17 选择"横排文字工具" T，输入文字，设置字体为"思源黑体 CN"、文字颜色为"#252424"，然后修改"16°"文字的字体为"方正兰亭粗黑简体"，调整文字大小和位置，并将"16°"文字倾斜显示，如图6-52所示。

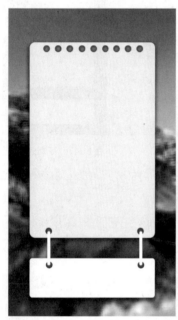

图6-50 绘制圆角矩形

图6-51 添加素材

图6-52 输入文字

STEP 18 选择"直线工具" ╱，设置填充颜色为"#252424"，在"早安"文字下方绘制"638像素×3像素"的直线。

STEP 19 选择"椭圆工具" ◯，设置填充颜色为"白色"、描边颜色为"#252424"、描边大小为"3点"，在"早安"文字图层下方绘制两个"168像素×168像素"的圆。

STEP 20 选择"椭圆工具" ◯，设置填充颜色为"#0d3736"，在"宜"文字图层下方绘制"50像素×50像素"的圆，然后修改"宜"文字颜色为"白色"，如图6-53所示。

STEP 21 按【Shift+Ctrl+Alt+E】组合键，盖印图层，然后选择【滤镜】/【渲染】/【镜头光晕】命令，打开"镜头光晕"对话框，设置亮度为"161"，单击选中"50-300毫米变焦"单选按钮，单击 确定 按钮，如图6-54所示。

图6-53 绘制圆

图6-54 添加镜头光晕

6.3.2 风格化滤镜组

风格化滤镜组能对图像的像素进行位移、拼贴及反色等操作。该滤镜组提供了9种滤镜效果,设计人员使用时只需选择【滤镜】/【风格化】命令,然后在弹出的子菜单中选择相应的滤镜命令。

- 查找边缘:"查找边缘"滤镜可以查找图像中主色块颜色变化的区域,并为查找到的边缘轮廓描边,使图像看起来像用笔刷勾勒的轮廓一样。该滤镜无参数对话框。
- 等高线:"等高线"滤镜可以沿图像的亮部区域和暗部区域的边界绘制出颜色较浅的线条。
- 风:"风"滤镜一般应用在文字中,产生的效果比较明显,它可以将图像的边缘以一个方向为基准向外移动远近不同的距离,实现类似风吹的效果。
- 浮雕效果:"浮雕效果"滤镜可以将图像中颜色较亮的图像分离出来,再将周围的颜色降低生成浮雕效果。
- 扩散:"扩散"滤镜可以使图像产生看起来像透过磨砂玻璃一样的模糊效果。
- 拼贴:"拼贴"滤镜可以根据对话框中设定的值将图像分成许多小贴片,看上去整幅图像像画在方块瓷砖上。
- 曝光过度:"曝光过度"滤镜可以使图像的正片和负片混合产生类似于摄影中增加光线强度所产生的过度曝光效果。该滤镜无参数对话框。
- 凸出:"凸出"滤镜可以将图像分成数量不等、大小相同并有序叠放的立体方块,用来制作图像的三维背景。
- 油画:"油画"滤镜可以将普通的图像效果转换为手绘油画效果,通常用于制作风格画。

6.3.3 模糊滤镜组

模糊滤镜组通过削弱图像中相邻像素的对比度，使相邻的像素产生平滑过渡效果，从而产生边缘柔和、模糊的效果。模糊滤镜组共有11种滤镜，它们按模糊方式不同对图像起着不同的作用。使用时只需选择【滤镜】/【模糊】命令，在弹出的子菜单中选择相应的滤镜命令。

- 表面模糊："表面模糊"滤镜在模糊图像时可保留图像边缘，用于创建特殊效果，以及去除杂点和颗粒。
- 动感模糊："动感模糊"滤镜可通过对图像中某一方向上的像素进行线性位移来产生动感模糊效果。
- 方框模糊："方框模糊"滤镜以邻近像素颜色平均值为基准值模糊图像。
- 高斯模糊："高斯模糊"滤镜可根据高斯曲线对图像进行选择性模糊，以产生强烈的模糊效果，是比较常用的模糊滤镜。在"高斯模糊"对话框中，"半径"数值框用于调节图像的模糊程度，数值越大，模糊效果越明显。
- 径向模糊："径向模糊"滤镜可以使图像产生旋转或放射状模糊效果。
- 镜头模糊："镜头模糊"滤镜可使图像模拟拍摄时镜头抖动产生的模糊效果。
- 模糊："模糊"滤镜通过对图像中边缘过于清晰的颜色进行模糊处理来达到模糊效果。该滤镜无参数设置对话框。使用一次该滤镜后可能效果不会太明显，可重复使用多次该滤镜增强模糊效果。
- 进一步模糊："进一步模糊"滤镜可以使图像产生一定程度的模糊效果。它与"模糊"滤镜效果类似，无参数设置对话框。
- 平均："平均"滤镜通过对图像中的平均颜色值进行柔化处理，从而产生模糊效果。该滤镜无参数设置对话框。
- 特殊模糊："特殊模糊"滤镜通过找出图像的边缘以及模糊边缘以内的区域，从而产生一种边界清晰、中心模糊的效果。在"特殊模糊"对话框的"模式"下拉列表中选择"仅限边缘"选项，模糊后的图像将呈黑色效果显示。
- 形状模糊："形状模糊"滤镜对图像以某一指定的形状作为模糊中心来进行模糊。在"形状模糊"对话框中的下方选择一种形状，然后在"半径"数值框中输入数值来决定形状的大小，数值越大，模糊效果越强。

6.3.4 扭曲滤镜组

扭曲滤镜组主要用于对图像进行扭曲变形。该滤镜组包括9种滤镜效果，设计人员使用该滤镜时只需选择【滤镜】/【扭曲】命令，然后在弹出的子菜单中选择相应的滤镜命令。

- 波浪："波浪"滤镜通过设置波长使图像产生波浪涌动的效果。
- 波纹："波纹"滤镜可以使图像产生水波荡漾的涟漪效果，它与"波浪"滤镜相似。"波纹"对话框中的"数量"数值框用于设置波纹的数量，该值越大，产生的涟漪效果越强。
- 极坐标："极坐标"滤镜可以改变图像的坐标方式，使图像产生极端的变形效果。
- 挤压："挤压"滤镜可以使图像产生向内或向外挤压变形的效果，主要是在打开的"挤压"对话框的"数量"数值框中输入数值来控制挤压效果。

- 切变："切变"滤镜可以使图像在竖直方向产生弯曲效果。在"切变"对话框左上侧方格框的垂直线上单击可创建切变点，拖曳切变点可实现图像的切变变形。
- 球面化："球面化"滤镜模拟将图像包在球上并伸展来适应球面，从而使图像产生球面化的效果。
- 水波："水波"滤镜可以使图像产生起伏状的波纹和旋转效果。
- 旋转扭曲："旋转扭曲"滤镜可使图像产生旋转扭曲效果，且旋转中心为图像中心。"旋转扭曲"对话框中的"角度"数值框用于设置旋转方向，为正值时将顺时针扭曲，为负值时将逆时针扭曲。
- 置换："置换"滤镜可以使图像产生位移效果，位移的方向不仅与参数设置有关，还与位移图有密切关系。使用该滤镜需要两个文件才能完成，一个是要编辑的图像文件，另一个是位移图文件，其中位移图文件充当位移模板，用于控制位移的方向。

6.3.5　锐化滤镜组

锐化滤镜组可以使图像更清晰，一般用于调整模糊的照片。在使用锐化滤镜组时要注意锐化过度容易造成图像失真。锐化滤镜组包括6种滤镜，设计人员使用时只需选择【滤镜】/【锐化】命令，在弹出的子菜单中选择相应的滤镜命令。

- USM锐化："USM锐化"滤镜可以在图像边缘的两侧分别制作一条明线或暗线来调整边缘细节的对比度，将图像边缘轮廓锐化。
- 防抖："防抖"滤镜能够将因抖动而导致模糊的照片修复成正常的清晰效果，常用于解决拍摄不稳导致的图像模糊。
- 进一步锐化："进一步锐化"滤镜可以增加像素之间的对比度，使图像变得清晰，但锐化效果比较微弱。该滤镜无参数对话框。
- 锐化："锐化"滤镜和"进一步锐化"滤镜相同，都是通过增强像素之间的对比度来增强图像的清晰度，其效果比"进一步锐化"滤镜明显。该滤镜无参数对话框。
- 锐化边缘："锐化边缘"滤镜可以锐化图像的边缘，并保留图像整体的平滑度。该滤镜无参数对话框。
- 智能锐化："智能锐化"滤镜功能很强大，可以设置锐化算法、控制阴影和高光区域的锐化量。

6.3.6　像素化滤镜组

像素化滤镜组主要将图像中相似颜色值的像素转换成单元格，使图像分块或平面化。像素化滤镜组一般用于增强图像质感，使图像的纹理更加明显。像素化滤镜组包括7种滤镜，设计人员使用时只需选择【滤镜】/【像素化】命令，在弹出的子菜单中选择相应的滤镜命令。

- 彩块化："彩块化"滤镜可以使图像中的纯色或相似颜色凝结为彩色块，从而产生类似宝石刻画般的效果。该滤镜无参数对话框。
- 彩色半调："彩色半调"滤镜可以模拟在图像每个通道上应用半调网屏的效果。
- 点状化："点状化"滤镜可以在图像中随机产生彩色斑点，点与点之间的空隙用背景色填充。在"点状化"对话框中，"单元格大小"数值框用于设置点状网格的大小。

- 晶格化："晶格化"滤镜可以使图像中相近的像素集中到一个像素的多角形网格中，从而使图像晶格化。在"晶格化"对话框中，"单元格大小"数值框用于设置多角形网格的大小。
- 马赛克："马赛克"滤镜可以把图像中具有相似颜色的像素统一合成为更大的方块，从而产生类似马赛克的效果。在"马赛克"对话框中，"单元格大小"数值框用于设置马赛克的大小。
- 碎片："碎片"滤镜可以将图像的像素复制4遍，然后将它们平均移位并降低不透明度，从而形成一种不聚焦的"四重视"效果。
- 铜版雕刻："铜版雕刻"滤镜可以在图像中随机分布各种不规则的线条和斑点，从而产生雕刻的版画效果。在"铜版雕刻"对话框中，"类型"下拉列表用于设置铜版雕刻的样式。

6.3.7　渲染滤镜组

在制作和处理一些风格照或模拟不同光源下不同的光线照明效果时，我们可以使用渲染滤镜组。渲染滤镜组主要用于模拟光线照明效果。该滤镜组提供了5种滤镜，设计人员使用时只需选择【滤镜】/【渲染】命令，在弹出的子菜单中选择相应的滤镜命令。

- 分层云彩："分层云彩"滤镜产生的效果与原图像的颜色有关，它会在图像中添加一个分层云彩效果。该滤镜无参数设置对话框。
- 光照效果："光照效果"滤镜功能相当强大，可以设置光源、光色、物体的反射特性等，然后根据这些设定产生光照，模拟三维光照效果。
- 镜头光晕："镜头光晕"滤镜可以为图像添加不同类型的镜头来模拟镜头产生眩光的效果。
- 纤维："纤维"滤镜可根据当前设置的前景色和背景色生成一种纤维效果。
- 云彩："云彩"滤镜可在前景色和背景色之间随机地抽取像素并完全覆盖图像，从而产生类似云彩的效果。

6.3.8　杂色滤镜组

使用杂色滤镜组可以处理图像中的杂点，例如在阴天拍摄的照片一般会有杂点，使用杂色滤镜组中的滤镜就能进行处理。杂色滤镜组有5种滤镜，设计人员使用时只需选择【滤镜】/【杂色】命令，在弹出的子菜单中选择相应的命令。

- 减少杂色："减少杂色"滤镜用来消除图像中的杂色。
- 蒙尘与划痕："蒙尘与划痕"滤镜通过将图像中有缺陷的像素融入周围的像素中，达到除尘和抹掉划痕的效果。
- 去斑："去斑"滤镜无参数设置对话框，它可对图像或选区内的图像进行轻微的模糊、柔化，从而达到掩饰图像中的细小斑点、消除轻微折痕的效果。该滤镜常用于修复照片中的斑点。
- 添加杂色："添加杂色"滤镜可以向图像中随机混合杂点，即添加一些细小的颗粒状像素。该滤镜常用于添加杂色纹理效果，它与"减少杂色"滤镜作用相反。
- 中间值："中间值"滤镜可以采用杂点及其周围像素的折中颜色来平滑图像中的区域。在"中间值"对话框中，"半径"数值框用于设置中间值效果的平滑距离。

6.3.9　其他滤镜组

其他滤镜组主要用来处理图像的某些细节部分，也可自定义特殊效果滤镜。该滤镜组包括5种滤镜，分别为"高反差保留""自定""位移""最大值""最小值"。使用时只需选择【滤镜】/【其他】命令，在弹出的子菜单中选择相应的滤镜命令。

- 高反差保留："高反差保留"滤镜可以删除图像中色调变化平缓的部分而保留色调变化最大的部分，使图像的阴影消失而亮点突出。"高反差保留"对话框中的"半径"数值框用于设置该滤镜分析处理的像素范围，值越大，效果图中保留原图像的像素越多。

- 自定："自定"滤镜可以创建自定义的滤镜效果，如锐化、模糊和浮雕等滤镜效果。"自定"对话框中有一个5×5的数值框矩阵，最中间的方格代表目标像素，其余方格代表目标像素周围对应位置上的像素。在"缩放"数值框中输入一个值后，将以该值去除计算中包含像素的亮度部分；在"位移"数值框中输入的值与缩放计算结果相加，自定义后再单击 存储(S)... 按钮，可将设置的滤镜存储到Photoshop中，以便下次使用。

- 位移："位移"滤镜可根据"位移"对话框中设定的值来偏移图像，偏移后留下的空白可以用当前的背景色填充、重复边缘像素填充或折回边缘像素填充。

- 最大值/最小值："最大值"滤镜可以将图像中的明亮区域扩大，将阴暗区域缩小，产生较明亮的图像效果。"最小值"滤镜可以将图像中的明亮区域缩小，将阴暗区域扩大，产生较阴暗的图像效果。

技能提升

　　图6-55所示为某App图标，请结合本小节所讲知识，分析该作品并进行练习。

　　（1）该App图标投影中的模糊效果是通过哪种滤镜完成的？要实现图6-55中的杂点效果，我们需要应用哪些操作？怎么使图标中的高光过渡自然？

图6-55　某App图标

_____

_____

_____

高清彩图　　　　　效果示例

　　（2）尝试利用提供的素材（素材位置：素材\第6章\草莓.png）设计一个水果App图标，从而举一反三，进行思维拓展与能力提升。

课堂实训

6.4.1 制作游戏开始按钮

1. 实训背景

"古风家园"是一个古风经营游戏，现需要为该游戏开始界面设计开始按钮，以便用户快速进入游戏。要求色调要符合整个游戏场景，按钮要具备纹理感，开始文字要醒目，以便用户单击。

2. 实训思路

（1）风格定位。观察提供的素材，发现整个素材古风感十足。为了使按钮与界面风格相符，这里可采用与界面相同的色调进行按钮设计。

（2）内容设计。由于该按钮主要用于用户单击该按钮进入游戏，因此在内容设计上，要求醒目、自然，以便用户单击。

本实训的参考效果如图6-56所示。

素材所在位置：素材\第6章\游戏界面背景.jpg

效果所在位置：效果\第6章\游戏开始界面.psd

高清彩图

图6-56　参考效果

3. 步骤提示

STEP 01 打开"游戏界面背景.jpg"素材文件，选择"矩形工具" ▣，设置填充颜色为"#167186"、半径为"30像素"、绘制"810像素×200像素"的矩形。

STEP 02 复制圆角矩形，将圆角矩形的填充颜色修改为"#0090b3"，然后调整圆角矩形的位置。

STEP 03 双击复制后圆角矩形右侧的空白区域，打开"图层样式"对话框，设置内阴影、内发光、渐变叠加等图层样式，单击 确定 按钮。

STEP 04 再次复制圆角矩形，删除已有的图层样式，然后栅格化图层。

STEP 05 选择【滤镜】/【滤镜库】命令，打开"滤镜库"对话框，为圆角矩形添加成角的线条、纹理化滤镜，单击 确定 按钮。

STEP 06 打开"图层样式"对话框，为圆角矩形添加外发光图层样式。

STEP 07 选择"横排文字工具" ▥，输入"游戏开始"文字，设置字体为"汉仪综艺体简"，然后调整文字的颜色、位置和大小。

视频教学：
制作游戏开始
按钮

STEP 08 打开"图层样式"对话框，为文字添加外发光、投影、内阴影图层样式。

STEP 09 完成按钮的制作，保存文件。

6.4.2 制作水乡土特产网站首页

1. 实训背景

水乡土特产网站准备针对浙江土特产制作用于产品推广的网站首页，整个首页分为Banner、土特产介绍、结尾3个部分。为了达到宣传浙江美景和特产的目的，设计人员在设计时要求Banner以浙江知名景点为背景，整个效果要具备复古感和水墨感，体现"游浙江"的主题，土特产介绍需要罗列知名土特产，方便用户了解这些土特产，尾页需要方便用户了解其他信息。

2. 实训思路

（1）风格定位。浙江的水乡具有古朴、清雅的气质，因此在设计首页Banner时，可应用滤镜来体现水乡的古朴感和清雅感。在设计土特产介绍时，设计人员需要展现土特产图片和文字介绍，以迎合主题。

高清彩图

（2）主题设计。该水乡土特产网站首页的主题可定位为"游浙江，懂浙江"，这样不但能体现土特产的地点，还能通过"水乡土特产网——浙江站"宣传水乡土特产网站，然后依次通过土特产介绍展现土特产内容。

本实训的参考效果如图6-57所示。

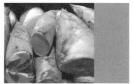

图6-57 参考效果

泰顺猕猴桃

泰顺猕猴桃，浙江省温州市泰顺县特产，泰顺县主产区栽培面积最大为布鲁诺品种，占全县栽培总面积38%以上；该品种氨基酸含量是传统猕猴桃的11倍，维生素含量是传统称猕猴桃的7倍，且抗病虫害强，果品耐贮藏，果皮易削不粘手，采后不需熟后熟可以直接食……[详情]

董家茭白

董家茭白外形粗壮匀称，表皮光滑洁白。肉质鲜嫩无渣，微甜爽口清香。蛋白质含量≥1.3%，粗纤维≤0.9%，……[详情]

小红毛花生

嵊州小红毛花生果形美观，多用来炒食，香酥甜醇，风味佳。同时也可以加工成多种食品，营养丰富……[详情]

崇仁炖鸭

嵊州民间历来有吃老鸭进补的习惯。旧时，中秋佳节人们就有吃老鸭赏月的风俗，至今民间还流传着："老鸭炖四爪，胖子红烧烧……的歌谣"。据《本草纲目》记载:鸭……[详情]

欢迎各位网友积极参与，共同创建我们美好的家园。如果您有介绍家乡土特产的文字、图片，欢迎与我们联系。

关于我们　　联系方式　　免责声明　　我要供稿　　网站合作

图6-57　参考效果（续）

素材所在位置：素材\第6章\水乡土特产网站首页素材\

效果所在位置：效果\第6章\水乡土特产网站首页.psd

3. 步骤提示

STEP 01 新建大小为"1920像素×3865像素"的图像文件，打开"浙江背景.jpg"素材文件，将其添加到新建的图像文件的画面顶部，然后复制图层，选择【滤镜】/【风格化】/【油画】命令，打开"油画"对话框，设置描边样式、描边清洁度、缩放、硬毛刷细节等参数，单击 确定 按钮。

STEP 02 选择【滤镜】/【滤镜库】命令，打开"滤镜库"对话框，添加喷溅、纹理化滤镜，单击 确定 按钮。

STEP 03 双击复制后素材图层右侧的空白区域，打开"图层样式"对话框，设置内阴影、内发光、渐变叠加等图层样式，单击 确定 按钮。

STEP 04 复制图层，选择【滤镜】/【镜头校正】命令，打开"镜头校正"对话框，调整镜头效

视频教学：
制作水乡土特产
网站首页

果，单击  按钮。

STEP 05 新建图层，设置前景色为"黑色"，然后填充前景色，设置图层不透明度为"20%"。

STEP 06 选择"横排文字工具" ，输入"游浙江，懂浙江""水乡土特产网——浙江站"文字，设置字体为"汉仪综艺体简"，然后调整文字的颜色、位置和大小。

STEP 07 选择"游浙江，懂浙江"文字图层，打开"图层样式"对话框，为文字添加斜面和浮雕、投影图层样式。

STEP 08 选择"矩形工具" □，在工具属性栏中设置填充颜色为"#dad9d9"，在界面左侧绘制5个"583像素×365像素"的矩形。

STEP 09 打开"1.png~5.png"素材文件，将图片分别拖动到矩形上方，创建剪贴蒙版。

STEP 10 选择"矩形工具" □，在工具属性栏中设置填充颜色为"#dad9d9"，在矩形右侧绘制5个"843像素×77像素"的矩形。

STEP 11 选择"横排文字工具" T，输入文字，设置字体为"思源黑体CN"，然后调整文字的颜色、位置和大小。

STEP 12 选择"直线工具" ╱，在"浙江省土特产介绍"文字下方绘制一条直线，调整直线的颜色和大小。

STEP 13 再次选择"矩形工具" □，在工具属性栏中设置填充颜色为"#dad9d9"，在"关于我们—联系方式—免责声明—我要供稿—网站合作"文字图层下方绘制"1920像素×125像素"的矩形。

STEP 14 保存文件，完成水乡土特产网站首页的制作。

6.5 课后练习

练习 1 制作登录按钮

某科技公司准备在登录界面中制作登录按钮，方便用户快速登录账户。制作时先使用滤镜库、风格化滤镜组制作按钮形状，然后输入文字并添加图层样式，制作完成后的参考效果如图6-58所示。

素材所在位置：素材\第6章\按钮背景.jpg

效果所在位置：效果\第6章\登录按钮.psd

高清彩图

图6-58　登录按钮效果

练习 **2** 制作网站登录页

某企业准备制作多肉微观世界网站的登录页，用于用户登录账户。制作时先制作界面底纹部分，使用喷溅滤镜和模糊滤镜制作多肉效果，再进行登录页整体的布局与制作，参考效果如图6-59所示。

高清彩图

素材所在位置：素材\第6章\多肉素材\

效果所在位置：效果\第6章\网站登录页.psd

图6-59　网站登录页效果

第 **7** 章

切片与输出界面

完成UI设计后，若直接将整个界面上传到网络中，则会影响界面的加载速度，此时可先在Photoshop中将界面分割为一张张小的图像，使用时再将这些小的图像拼接起来，形成一幅完整的图像，这样可以降低图像的大小，以便加载。此外，对切片后的图片进行输出保存，可以方便后续使用。

📖 学习目标

- ◎ 了解切片的基础知识
- ◎ 掌握界面的切片方法
- ◎ 掌握界面的输出方法

◇ 素养目标

- ◎ 提升对界面的布局和视觉分割能力
- ◎ 养成良好且合理的素材命名习惯

◈ 案例展示

家居网页界面切片

输出家居网页界面

切片基础

切片是UI设计中十分重要的一种图像处理方式，图像切片是否规范直接影响界面上传后的呈现效果，切片像素不符合要求会导致界面模糊，切片命名不规范，不便于识别和上传。因此，在对界面进行切片前，设计人员需要先了解切片的作用和要点，保证切片规范、合适，最大限度地还原UI设计效果。

7.1.1　切片的作用

切片是UI设计中不可或缺的一部分，对UI设计效果进行切片操作能提升图片高保真（更接近真实的视觉感受）效果、降低工作量和文件量，提高页面加载速度。

- 高保真效果：对图像进行切片能够满足设计人员对设计效果图的高保真和还原需求。
- 降低工作量：对图像进行切片能够避免因切片不规范产生的不必要的工作量。
- 降低文件量：对图像进行切片能够降低整个效果文件的文件量，提升用户浏览时的加载速度。

7.1.2　切片的要点

在进行切片前需要先掌握切片的要点。

- 切片尺寸应为双数：智能手机的屏幕大小都是双数值，因此切片尺寸应为双数，以保证切片效果能高清显示。

> **提示**
>
> 1px是智能手机能够识别的最小单位，所以使用单数尺寸切片会使手机系统自动拉伸切片图片，从而导致切片元素边缘模糊，造成App界面效果与原设计效果相去甚远。

- 图标切片应考虑手机适配问题，根据标准尺寸输出：图标是切片输出中至关重要的部分。由于机型不同，其对应的屏幕分辨率也不相同，因此图标的大小需要针对机型进行配置。通常图标在切片时需要输出@2x和@3x的切片。
- 尽量降低图片文件的文件量：完成切片后，还需要对切片图片进行资源输出，但输出的图片往往文件量较大，不利于用户加载，因此要尽量压缩切片图片的文件量，使其便于浏览。
- 避免遗漏切片：在切片过程中要注重切片的完整性，避免遗漏切片。

资源链接

在UI设计中常常会出现@1x、@2x、@3x等单位，读者可通过扫描右侧二维码查看这些单位的详情。

扫码看详情

7.1.3 切片的命名规则

完成切片后，还需要对切片进行命名，以便后续查看和使用。不同类型或功能界面切片的命名规则不同，如图7-1所示。

界面命名

整个主程序	App	搜索结果	Search results	活动	Activity	信息	Messages
首页	Home	应用详情	App detail	探索	Explore	音乐	Music
软件	Software	日历	Calendar	联系人	Contacts	新闻	News
游戏	Game	相机	Camera	控制中心	Control center	笔记	Notes
管理	Management	照片	Photo	健康	Health	天气	Weather
发现	Find	视频	Video	邮件	Mail	手表	Watch
个人中心	Personal center	设置	Settings	地图	Maps	锁屏	Lock screen

系统控件库命名

状态栏	Status bar	搜索栏	Search bar	提醒视图	Alert view	弹出视图	Popovers
导航栏	Navigation bar	表格视图	Table view	编辑菜单	Edit menu	开关	Switch
标签栏	Tab bar	分段控制	Segmented Control	选择器	Pickers	弹窗	Popup
工具栏	Tool bar	活动视图	Activity view	滑杆	Sliders	扫描	Scanning

功能命名

确定	Ok	添加	Add	卸载	Uninstall	选择	Select
默认	Default	查看	View	搜索	Search	更多	More
取消	Cancel	删除	Delete	暂停	Pause	刷新	Refresh
关闭	Close	下载	Download	继续	Continue	发送	Send
最小化	Min	等待	Waiting	导入	Import	前进	Forward
最大化	Max	加载	Loading	导出	Export	重新开始	Restart
菜单	Menu	安装	Install	后退	Back	更新	Update

资源类型命名

图片	Image	滚动条	Scroll	进度条	Progress	线条	Line
图标	Icon	标签	Tab	树	Tree	蒙版	Mask
静态文本框	Label	勾选框	Checkbox	动画	Animation	标记	Sign
编辑框	Edit	下拉框	Combo	按钮	Button	播放	Play
列表	List	单选框	Radio	背景	Background	—	—

常见状态命名

普通	Normal	获取焦点	Focused	已访问	Visited	默认	Default
按下	Press	单击	Highlight	禁用	Disabled	选中	Selected
悬停	Hover	错误	Error	完成	Complete	空白	Blank

图7-1 不同类型或功能界面切片的命名规则

位置排序命名

顶部	Top	底部	Bottom	第二	Second	页头	Header
中间	Middle	第一	First	最后	Last	页脚	Footer

图7-1 不同类型或功能界面切片的命名规则（续）

在命名过程中，同一个界面中可能存在相同类型的切片。为了更好地区分各个切片，我们还需要在相同类型的基础上，对切片进行更加精确的命名。例如，对于一张图标切片，我们需要对该图标是什么、在哪里、第几张、状态等进行介绍，以帮助后期查找与选择切片图像，如图7-2所示。

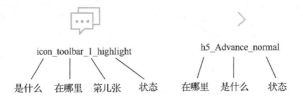

图7-2 图标的命名

图7-3所示为某生鲜配送App的图标，请结合本小节所讲知识进行练习。

（1）生鲜配送App的图标该怎么命名？有什么注意事项？

（2）尝试利用提供的素材（素材位置：素材\第7章\财经App图标.png）进行图标命名，从而举一反三，进行思维拓展与能力提升。

高清彩图

图7-3 某生鲜配送App的图标

7.2
界面切片

在制作界面时，为了确保界面中图像的加载速度，设计人员会使用切片工具将界面切割为若干个小块，这样既保证了图像的显示效果，又提高了用户加载界面的速度。

7.2.1 课堂案例——家居网页界面切片

案例说明：某家居网站制作了新的网页界面，需要对该网页界面进行切片。切片时要求将Banner、热卖商品、精选产品等单独展示，并对切片后的内容进行命名，方便后期调用，参考效果如图7-4所示。

知识要点：创建切片、编辑切片。

素材位置：素材\第7章\家居网页界面.jpg

效果位置：效果\第7章\家居网页界面.jpg

高清彩图

图7-4　查看完成后的效果

具体操作步骤如下。

STEP 01 打开"家居网页界面.jpg"图像文件，选择【视图】/【标尺】命令或按【Ctrl+R】组合键打开标尺，从左侧和顶端拖动参考线，设置切片区域，如图7-5所示。

STEP 02 选择"切片工具" ，在图像编辑区左上角单击，然后按住鼠标左键不放，沿着参考线拖曳到右侧的目标位置后释放鼠标，创建的切片将以黄色线框显示，并在切片左上角显示蓝色的切片序号，如图7-6所示。

视频教学：
家居网页界面
切片

图7-5　添加参考线　　　　　　　　　　　　　　图7-6　开始切片

STEP 03 在切片区域上单击鼠标右键，在弹出的快捷菜单中选择"编辑切片选项"命令，打开"切片选项"对话框，在"名称"文本框中设置切片名称，输入"image_home_1_highlight"，在"尺寸"栏中可查看切片的尺寸，单击 确定 按钮，如图7-7所示。

STEP 04 沿着参考线继续对网页界面进行切片，并命名为"image_home_2_normal"，使用相同的方法对其他区域沿着参考线切片并命名。

STEP 05 对"精选产品"下方多个图片进行切片时，可选择"切片工具" 沿着参考线对多个"精选产品"图片区域进行切片。然后在切片后的区域上方单击鼠标右键，在弹出的快捷菜单中选择"划分切片"命令，打开"划分切片"对话框，单击选中"水平划分为"复选框，并在其下方的文本框中输入"2"，单击选中"垂直划分为"复选框，并在其下方的文本框中输入"2"，单击 确定 按钮，如图7-8所示。继续选择"切片工具" 沿着参考线对其他区域进行切片。

图7-7　编辑切片选项　　　　　　　　　　　　　　图7-8　划分切片

STEP 06 选择"切片选择工具" ，在工具属性栏中单击 隐藏自动切片 按钮，隐藏自动切片，再按【Ctrl+;】组合键隐藏参考线，此时图像中只显示了蓝色和黄色的切片线，查看切片是否对齐，若没对齐，则拖动切片边框线进行调整，效果满意后保存文件。

提示

在进行切片时，设置的切片尺寸需要与图标的尺寸相同，否则会造成切片效果不完整而无法使用的情况。

7.2.2 创建切片

在Photoshop中可以使用“切片工具”创建切片，创建切片的方法与创建选区的方法相同。选择“切片工具”后，按住鼠标左键在图像上拖曳，即可完成切片的创建。“切片工具”的工具属性栏如图7-9所示。

图7-9 “切片工具”的工具属性栏

“切片工具”的工具属性栏中各选项的作用如下。

- 样式：“样式”下拉列表中包括“正常”“固定长宽比”“固定大小”3个选项。
  - ◆ 正常：选择该选项后，可以拖曳鼠标来确定切片的大小。
  - ◆ 固定长宽比：选择该选项后，可在“宽度”“高度”文本框中设置切片的宽高比。
  - ◆ 固定大小：选择该选项后，可在“宽度”“高度”文本框中设置切片的固定大小。
- 基于参考线的切片：单击 基于参考线的切片 按钮，将基于参考线自动进行切片。

7.2.3 编辑切片

若对创建的切片不满意，则可以对切片进行选择、移动、复制、组合、删除、锁定等编辑操作。在编辑切片前，需要先了解“切片选择工具”。

1. 了解切片选择工具

“切片选择工具”主要用于编辑切片后的效果，通常在工具属性栏中完成，如图7-10所示。

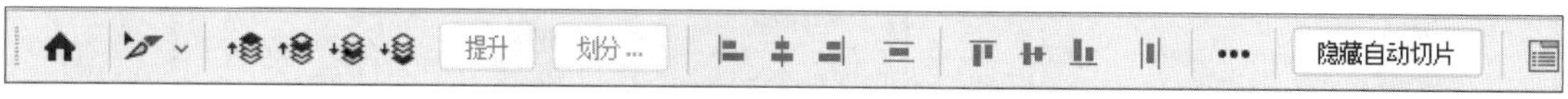

图7-10 “切片选择工具”的工具属性栏

“切片选择工具”的工具属性栏中各选项的作用如下。

- 调整切片堆叠顺序按钮组：创建切片后，最后创建的切片将处于堆叠顺序的最高层。我们可单击、、、4个按钮调整切片的位置。
- “提升”按钮：单击 提升 按钮可以将所选的自动切片或图层切片提升为用户切片。其中自动切片是Photoshop生成的切片；图层切片是通过图层创建的切片；用户切片是使用切片工具创建的切片。
- “划分...”按钮：单击 划分... 按钮，可在打开的“划分切片”对话框中对切片进行划分，如图7-11所示。
- 对齐与分布切片按钮组：选择多个切片后，可单击、、、、、、、按钮来对齐或分布切片。

- "隐藏自动切片"按钮：单击 隐藏自动切片 按钮将隐藏自动切片。
- "为当前切片设置选项"按钮 ▤：单击该按钮，可在打开的"切片选项"对话框中设置名称、类型和URL地址等，如图7-12所示。

图7-11　划分切片　　　　　　　　　　　　图7-12　切片选项

2. 选择、移动、复制、组合、删除和锁定切片

创建完切片后，还可对切片进行选择、移动、复制、组合、删除和锁定操作。

- 选择：选择"切片选择工具" ▨，在图像中单击需要选择的切片，在按住【Shift】键的同时使用"切片选择工具" ▨单击切片，可选择多个切片。
- 移动：选择切片后，按住鼠标进行拖曳，可移动所选切片。
- 复制：先使用"切片选择工具" ▨选择切片，再按住【Alt】键，当鼠标指针变为▨形状时单击并拖动鼠标，可复制切片。
- 组合：组合切片可以通过连接切片的边缘来创建矩形切片，在创建时还可确定所生成切片的尺寸和位置。先选择两个或两个以上的切片，再单击鼠标右键，在弹出的快捷菜单中选择"组合切片"命令，可将多个切片组合为一个切片。
- 删除：若创建过程中出现了多余的切片，则可以将它们删除。选择切片后，按【Delete】键或【Backspace】键，可删除所选切片。选择【视图】/【清除切片】命令删除所有切片，如图7-13所示。选择切片后，在其上单击鼠标右键，在弹出的快捷菜单中选择"删除切片"命令，可删除所选切片，如图7-14所示。

图7-13　使用命令删除所有切片

图7-14　使用快捷菜单删除所选切片

● 锁定：当图像中的切片过多时，最好将它们锁定。锁
　定后的切片将不能被移动、缩放和更改。选择需要锁
　定的切片，选择【视图】/【锁定切片】命令，可锁
　定切片。移动被锁定的切片时将弹出提示对话框，单
　击 确定 按钮，如图7-15所示。

图7-15　提示对话框

技能提升

　　图7-16所示为某糕点店铺App首页，请结合
本小节所讲知识，分析该作品并进行练习。

　　（1）该首页应该按照什么方式切片？切片后
的首页图片应该如何命名？

_____

_____

_____

_____

　　（2）尝试利用提供的素材（素材位置：素材\
第7章\音乐App歌单推荐页.jpg）进行切片和命
名，从而举一反三，进行思维拓展与能力提升。

高清彩图

效果示例

图7-16　某糕点店铺 App 首页

7.3 界面输出

　　创建并完成界面切片的编辑后，设计人员需要根据具体需求对切片后的图像进行优化和输出操作，
让其能顺利投入使用。界面中图片的格式一般为GIF、JPG或PNG格式。

7.3.1 **课堂案例——输出家居网页界面**

案例说明：完成家居网页界面的切片后，还需要将界面存储为PNG格式，并保存HTML和图像。

知识要点：存储为Web所用格式。

效果位置：效果\第7章\家居网页界面.html、效果\第7章\images\

具体操作步骤如下。

视频教学：
输出家居网页界面

STEP 01 打开切片后的"家居网页界面.jpg"图像文件，选择【文件】/【导出】/【存储为Web所用格式（旧版）】命令，打开"存储为Web所用格式"对话框，设置文件格式为"PNG-8"，单击 [存储...] 按钮，如图7-17所示。

图7-17 存储图像

STEP 02 打开"将优化结果存储为"对话框，选择文件的存储位置，并在"格式"下拉列表中选择"HTML和图像"选项，单击 [保存(S)] 按钮，如图7-18所示。

STEP 03 打开切片存储的文件夹，可看到"家居网页界面.html"网页和"images"文件夹，双击"images"文件夹，在打开的窗口中查看切片后的效果，如图7-19所示。

图7-18　存储切片

图7-19　查看切片后的效果

7.3.2　存储为 Web 所用格式

将图像优化变小后，用户可以更快地浏览和下载图像。选择【文件】/【导出】/【存储为Web所用格式（旧版）】命令，打开"存储为Web所用格式"对话框，在其中可对图像进行优化和输出，如图7-20所示。

图7-20　"存储为Web所用格式"对话框

"存储为Web所用格式"对话框中主要选项的作用如下。

● 显示选项：单击"原稿"选项卡，可在窗口中显示没有优化的图像；单击"优化"选项卡，可在窗口中显示优化后的图像；单击"双联"选项卡，可在窗口并排显示优化前和优化后的图像；单击"四联"选项卡，可在窗口并排显示图像的4个版本，每个图像下面都提供了优化信息，如优化格式、文件大小、图像估计下载时间等，方便进行比较。

- 抓手工具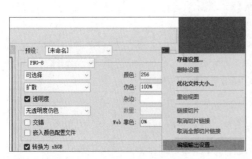：单击"抓手工具"，使用鼠标拖动图像可移动查看图像。
- 切片选择工具：当图像包含多个切片时，可使用"切片选择工具"选择窗口中的切片，并对其进行优化。
- 缩放工具：单击"缩放工具"，可放大图像显示比例。在按住【Alt】键的同时单击"缩放工具"可缩小显示比例。
- 吸管工具：使用"吸管工具"在图像中单击可吸取单击处的颜色。
- 吸管颜色：用于显示吸管工具吸取的颜色。
- "切换切片可视性"按钮：单击"切换切片可视性"按钮，可显示或隐藏切片的定界框。
- 颜色表：在对图像格式进行优化时，可在"颜色表"中对图像颜色进行优化设置。
- 图像大小：可将图像大小调整为指定的像素尺寸或原稿大小的百分比。
- 状态栏：显示鼠标指针所在位置的颜色信息。

7.3.3　Web图像文件格式

在"存储为Web所用格式"对话框中选择需要优化的切片后，在右侧的文件格式下拉列表中选择一种文件格式，对切片进行细致优化。

- GIF和PNG-8格式：GIF格式常用于压缩具有单色调或细节清晰的图像，它是一种无损压缩格式；PNG-8格式与GIF格式的特点相同，其选项也相同。
- JPEG格式：JPEG格式可以压缩颜色丰富的图像，将图像优化为JPEG格式时会使用有损压缩。
- PNG-24格式：PNG-24格式适合压缩连续色调的图像，它可以保留多达256个透明度级别，但文件大小超过JPEG格式。
- WBMP格式：WBMP格式适合优化在移动端设备使用的图像。

7.3.4　Web图像的输出设置

优化完Web图像后，在"存储为Web所用格式"对话框的"预设"栏右侧单击 按钮，在打开的下拉列表中选择"编辑输出设置"选项，打开"输出设置"对话框，在该对话框中可设置HTML文件的格式和编码等，如图7-21所示。

图7-21　输出设置

图7-22所示为某糕点店铺App首页切片后的效果，请结合本小节所讲知识，分析该作品并进行练习。

（1）该糕点店铺App首页应该怎么输出切片后的效果？

_____

_____

（2）尝试对已经切片的音乐App歌单推荐页效果进行输出操作，从而举一反三，进行思维拓展与能力提升。

高清彩图

效果示例

图7-22　某糕点店铺App首页切片后的效果

7.4
课堂实训——切片并输出大米网首页

1. 实训背景

"大米农场"企业准备对制作好的大米网首页进行切片操作，以方便后期网页程序人员编辑。要求根据内容添加参考线，然后根据参考线进行切片，并保存为PNG格式。

2. 实训思路

查看大米网首页可发现，整个首页分为Banner、产品展示和底纹3个部分。为了便于区分，这里可根据版块划分参考线，然后根据参考线进行切片操作。

本实训的参考效果如图7-23所示。

素材所在位置：素材\第7章\大米网首页.jpg

效果所在位置：效果\第7章\大米网首页\

高清彩图

图7-23　大米网首页切片效果

3. 步骤提示

STEP 01 打开"大米网首页.jpg"图像文件，选择【视图】/【标尺】命令或按【Ctrl+R】组合键打开标尺，从左侧和顶端拖动参考线，设置切片区域。

STEP 02 选择"切片工具" ，在工具属性栏中单击 基于参考线的切片 按钮，将图像基于参考线等分成多个小块。

STEP 03 选择【文件】/【导出】/【存储为Web所用格式（旧版）】命令，在打开的对话框中设置文件格式为"PNG-8"，单击 存储... 按钮，打开"将优化结果存储为"对话框，设置格式为"HTML和图像"，然后设置保存位置与名称。

STEP 04 单击 保存(S) 按钮完成切片的存储，在保存位置下查看效果。

视频教学：
切片并输出大米
网首页

7.5 课后练习

练习 1 家居网内页切片

某家居网为了便于程序人员对内页的编辑，准备先对家居网内页进行切片操作。切片时要求先添加参考线，然后进行切片操作，参考效果如图7-24所示。

素材所在位置：素材\第7章\家居网内页.jpg

效果所在位置：效果\第7章\家居网内页切片效果.jpg

高清彩图

练习 2 输出家居网内页

某家居网准备对切片后的家居网内页进行输出，以方便后期调用。输出时要求切片后的图片格式为".png"，输出完成后的参考效果如图7-25所示。

效果所在位置：效果\第7章\家居网内页\

图7-24　家居网内页切片效果

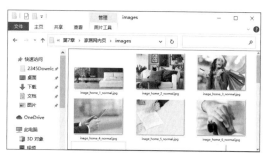

图7-25　家居网内页切片输出效果

第 **8** 章 综合案例

本章将运用前面所学知识进行多个UI设计的商业案例制作，包括标志设计、App界面设计、网站界面设计、软件界面设计等，且每个案例都通过案例背景、案例要求提出设计需求，再通过制作思路进行制作，使设计人员快速掌握不同类型UI设计作品的制作方法，提升UI设计的实践能力。

📖 **学习目标**

- ◎ 掌握图标的制作方法
- ◎ 掌握App界面的制作方法
- ◎ 掌握网页界面和软件界面的制作方法

◇ **素养目标**

- ◎ 培养对完整商业案例的分析与制作能力
- ◎ 激发对标志、App界面、软件界面等的学习兴趣

◈ **案例展示**

"半甜"品牌标志　　"艺术家居"App界面　　"青山新能源"企业官网界面

图标设计——"半甜"品牌标志

8.1.1 案例背景

"半甜"是一家主营酥饼、蛋糕及奶茶等甜品的公司，在各大地区都有店铺。该店铺的理念是"天然健康"，提倡"糖分减半""传统精致"与"口感丰富"。为了更好地传达品牌理念、展示公司形象，"半甜"决定重新制作品牌标志，并将该标志运用到实体店铺和App界面中。

> **设计素养**
>
> 品牌标志的主要功能之一是创造品牌认知，因此当前产品或品牌要区别于其他产品或品牌。在设计品牌标志时，设计人员应避免其标志与其他品牌标志雷同，避免减弱自身品牌标志的识别性，既要与企业的形象、产品的特征联系起来，又要体现新颖的构思及别出心裁的风格。

8.1.2 案例要求

为更好地完成"半甜"品牌标志的设计，设计时需要遵循以下要求。

（1）标志造型与布局。"半甜"品牌标志要能让用户快速识别，在这里可以直接对文字"半甜"进行造型设计。设计时可采用文字变形的方式对文字进行软化变形，给人一种甜软感，然后在文字周围绘制圆，并在圆的外侧添加切掉的半圆进行修饰，体现出"一半"的含义，符合"半甜"的"半"之意，这样既使标志的造型效果更为饱满，又贴合品牌定位，让人一目了然、印象深刻，如图8-1所示。

高清彩图

图8-1 标志造型与布局

（2）标志颜色选择。绿色能体现自然、健康的含义，因此"半甜"品牌标志可以以浅绿色为主色调，体现出企业天然健康、绿色环保的理念。

（3）设计规格。尺寸为450像素×450像素，分辨率为300像素/英寸，需导出为PNG格式的图像文件，以便后续调用。

图8-2所示为完成后的效果，以及该效果运用于店铺招牌、App图标及App引导页的展示效果。

效果位置：效果\第8章\"半甜"品牌标志.psd、"半甜"品牌标志.png

图8-2　效果展示

8.1.3　制作思路

本案例的具体制作思路如下。

STEP 01 新建大小为"450像素×450像素"、分辨率为"300像素/英寸"、颜色模式为"RGB颜色"、名称为"'半甜'品牌标志"的文件。

STEP 02 选择"直排文字工具" ⬛，在工具属性栏中设置字体为"方正FW童趣POP体简"、文本颜色为"#64735b"、文字大小为"18 点"，然后在中间区域输入"半甜"文字，为了便于编辑需要先栅格化文字，如图8-3所示。

STEP 03 选择【滤镜】/【液化】命令，打开"液化"对话框，在左侧选择"向前变形工具" ⬛，在右侧的"画笔工具选项"栏中设置大小为"15"、密度为"50"、压力为"20"，然后在文字上涂抹，调整液化形状，如图8-4所示，单击 确定 按钮。

视频教学：
"半甜"品牌
标志

图8-3　输入并栅格化文字

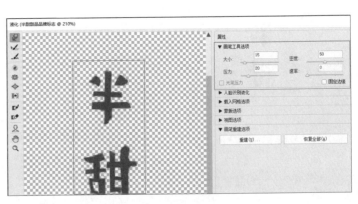

图8-4　液化文字

STEP 04 按【Ctrl+J】组合键复制图层，然后按住【Ctrl】键不放，单击"半甜拷贝"图层前的缩览图，使文字呈选区显示，然后将前景色设置为"#97ac8a"，按【Alt+Delete】组合键填充前景色，完成后取消选区，并调整文字的位置，使其形成文字叠加效果。

STEP 05 再次选择"半甜"图层，选择【滤镜】/【模糊】/【高斯模糊】命令，打开"高斯模糊"对话框，设置半径为"1像素"，单击 确定 按钮，效果如图8-5所示。

STEP 06 双击"半甜拷贝"图层右侧的空白区域，打开"图层样式"对话框，单击选中"描边"复选框，设置大小为"1像素"、位置为"内部"、颜色为"#79906a"、不透明度为"100%"，如图8-6所示。

图8-5　添加高斯模糊

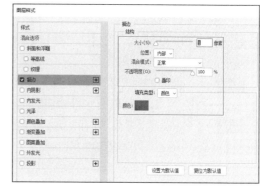

图8-6　添加描边

STEP 07 单击选中"投影"复选框，设置颜色为"#c4cac7"、不透明度为"100%"、角度为"120度"、距离为"1像素"、扩展为"0%"、大小为"0像素"，单击 确定 按钮，如图8-7所示。

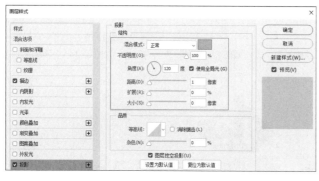

图8-7　添加投影效果

STEP 08 新建图层，选择"套索工具" ，在文字上方绘制选区并填充"白色"，制作文字高光，效果如图8-8所示。

STEP 09 选择"横排文字工具" ，在工具属性栏中设置字体为"方正粗雅宋简体"、文本颜色为"#97ac8a"、文字大小为"4 点"，然后在文字中间区域输入"BAN TIAN TIAN PIN"文字，如图8-9所示。

STEP 10 选择"椭圆工具" ，设置取消填充颜色，设置描边颜色为"#97ac8a"、描边大小为"0.8点"，绘制"250像素×250像素"的圆，如图8-10所示。

图8-8　绘制高光　　　　　　　图8-9　输入文字　　　　　　　图8-10　绘制圆

STEP 11 选择绘制的圆，按【Ctrl+J】组合键复制图层，按【Ctrl+T】组合键使圆呈可变形状态，然后按住【Shift+Alt】组合键不放，等比例放大圆，效果如图8-11所示。

STEP 12 对复制后的圆进行栅格化处理，使用"多边形套索工具" 在圆的上方绘制倾斜矩形选区，如图8-12所示。然后按【Delete】键删除选区内容，如图8-13所示。

STEP 13 取消选区，完成"半甜"品牌标志的制作。为了便于后期调用，我们可隐藏"背景"图层，然后按【Shift+Ctrl+Alt+E】组合键盖印图层，保存文件，并导出为PNG格式的图像，如图8-14所示。

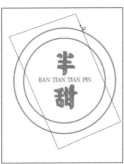

图8-11　等比例放大圆　　　图8-12　绘制选区　　　图8-13　删除选区内容　　　图8-14　完成标志的制作

8.2

App界面设计——"艺术家居"App界面

8.2.1　案例背景

"艺术家居"App是一款主要售卖家具的App，包括售卖日常家具、家具用品等；除此之外，还配有装修服务，为用户解决家居装修难的问题。"艺术家居"App还具有AR体验功能，可以让用户感受家具的实际使用场景，提升用户对App的好感度，促进购买。

8.2.2　案例要求

为更好地完成"艺术家居"App界面的制作，设计时需要遵循以下要求。

（1）界面规划。该App的功能是家居售卖，设计人员需要提供首页和发现页，方便用户了解App中的商品信息，并且为了实现购买功能，还需要提供购买页，方便用户购买商品。除此之外，还要提供AR体验馆页面，方便全屏显示商品信息。由于该App有购买门槛，只有登录App账户的用户才能购买，因此还要制作登录页。

（2）界面组成与布局。本例内容要求从首页、发现页、AR体验馆、购买页和登录页5个部分来制作。首页要求采用卡片型的布局方式，最上方为状态栏和标题栏，中间为信息展示区，下方为底部导航栏。发现页要求对用户分享的内容进行展现，设计人员在设计时可先区分内容的类别，然后根据类别进行界面设计。AR体验馆要求全屏显示商品信息，并在其中添加喜爱、删除等按钮，方便了解用户对商品的喜爱度。购买页要求通过列表的形式依次对商品进行展现，不但要展现商品图片，还要展现商品的文字介绍、价格、购买数量等内容，以及商品结算金额。登录页主要包含账户、密码和登录按钮。图8-15所示为各个页面的布局方式。

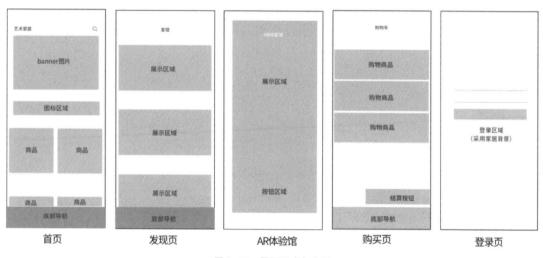

图8-15　界面组成与布局

（3）选择色彩和风格。配色决定了界面适合的风格，"艺术家居"App的定位为家具售卖，这里应选择较为清新的色调，刺激用户消费，因此选择以绿色为主色调，搭配灰色系和红色作为辅助色，以浅灰色进行点缀，划分界面层次，如图8-16所示。

（4）字体规范。"艺术家居"App面向的受众为广大用户，App中的文字能否便于用户识别是

图8-16　色彩搭配效果

需要重点考虑的问题，这里选择"思源黑体"为App主要字体，方便用户识别。

（5）设计规格。每个界面的设计规格均为750像素×1624像素、分辨率均为72像素/英寸。

完成后的App界面效果如图8-17所示。

素材位置：素材\第8章\"艺术家居"App界面素材\

效果位置：效果\第8章\"艺术家居"App AR体验馆界面.psd、"艺术家居"App
首页界面.psd、"艺术家居"App购买界面.psd、"艺术家居"App发现界面.psd、"艺术
家居"App登录界面.psd

高清彩图

图8-17　完成后的效果

8.2.3　制作思路

本案例的制作主要分为5个部分，具体制作思路如下。

1. 制作首页界面

STEP 01 新建大小为"750像素×1624像素"、分辨率为"72像素/英寸"、颜
色模式为"RGB颜色"、名称为"'艺术家居'App首页界面"的文件。

STEP 02 依次添加参考线，选择"横排文字工具" T，输入"艺术家居"文字，
设置字体为"思源黑体 CN"、文本颜色为"#484b4b"，调整文字大小和位置。

STEP 03 打开"放大镜.png"素材文件，将放大镜图标拖曳到文字右侧，并调整
大小和位置。

视频教学：
"艺术家居"
App 界面

STEP 04 选择"矩形工具" □，设置填充颜色为"#f3f3f3"、圆角半径为"10
像素"，绘制大小为"650像素×400像素"的圆角矩形。

STEP 05 打开"首页1.jpg"素材文件，将素材图片拖曳到矩形上，调整大小和位置，按【Alt+Ctrl+G】
组合键创建剪贴蒙版，如图8-18所示。

STEP 06 选择"矩形工具" □，绘制大小为"560像素×190像素"的矩形，并设置填充颜色为
"#4a8b45"、不透明度为"40%"。

STEP 07 选择"矩形工具" □，在工具属性栏中取消填充，设置描边颜色为"#f9f9f9"、描边大
小为"3点"，在矩形上方绘制大小为"540像素×170像素"的矩形，如图8-19所示。

STEP 08 选择"横排文字工具" T，设置字体为"Impact"、文本颜色为"白色"，输入"ELEGANT

ART"文字，然后修改"R"文字的文本颜色为"#18900c"。

STEP 09 选择"横排文字工具" **T**，设置字体为"方正兰亭粗黑_GBK"、文本颜色为"白色"，在"ELEGANT ART"文字下方输入"秋季新品 专注创意时尚家具"文字，调整文字的大小和位置，如图8-20所示。

图8-18 输入文字并添加素材

图8-19 绘制矩形

图8-20 输入文字（1）

STEP 10 选择"矩形工具" **□**，设置填充颜色为"#f3f3f3"、圆角半径为"10像素"，绘制两个大小为"60像素×400像素"的圆角矩形，调整圆角矩形的位置。

STEP 11 打开"首页2.jpg""首页3.jpg"素材文件，将素材图片拖曳到新绘制的矩形上，调整大小和位置，按【Alt+Ctrl+G】组合键创建剪贴蒙版。

STEP 12 选择"椭圆工具" **○**，在矩形下方绘制5个大小为"13像素×13像素"的圆，并设置中间圆的填充颜色为"#18900c"、其他圆的填充颜色为"#aaaaaa"，如图8-21所示。

STEP 13 打开"图标.png"素材文件，将图标拖曳到圆的下方，再调整大小和位置。

STEP 14 选择"横排文字工具" **T**，输入图8-22所示的文字，在工具属性栏中设置字体为"思源黑体 CN"、文本颜色为"#8d8d8d"，然后调整文字的大小和位置。

STEP 15 选择"矩形工具" **□**，在文字下方绘制大小为"750像素×10像素"的矩形，并设置填充颜色为"#f9f9f9"。

STEP 16 选择"矩形工具" **□**，设置填充颜色为"#f3f3f3"、圆角半径为"10像素"，在图像中绘制两个大小为"340像素×335像素"的圆角矩形。

STEP 17 打开"首页4.jpg""首页5.jpg"素材文件，将素材图片拖曳到新绘制的矩形上，调整大小和位置，按【Alt+Ctrl+G】组合键创建剪贴蒙版，如图8-23所示。

图8-21 绘制矩形和圆

图8-22 输入文字（2）

图8-23 绘制圆角矩形并添加素材

STEP 18 选择"横排文字工具" T ，输入文字，在工具属性栏中设置字体为"思源黑体 CN"，然后设置"新品推荐""2"文字的文本颜色为"#181616"，设置"/6"文字的文本颜色为"#a6a0a0"。设置图片下方第一排文字的文本颜色为"#181616"、第二排文字的文本颜色为"#a6a0a0"、第三排文字的文本颜色为"#f9271c"，然后将"2色可选"文本颜色修改"#b1b1b1"，调整文字的大小和位置，效果如图8-24所示。

STEP 19 选择"矩形工具" □ ，在"秋季上新8折预售"文字下方绘制矩形，并设置填充颜色为"#ffefef"，然后在"2色可选"文字下方绘制矩形，并设置填充颜色为"#f2f0f0"，效果如图8-25所示。

STEP 20 选择"矩形工具" □ ，设置填充颜色为"#f3f3f3"，在文字下方绘制两个大小为"340像素×72像素"的矩形，打开"属性"面板，设置左上角半径、右上角半径均为"10像素"，效果如图8-26所示。

图8-24 输入文字

图8-25 绘制矩形

图8-26 绘制并调整矩形

STEP 21 打开"首页6.jpg""首页7.jpg"素材文件，将素材图片拖曳到新绘制的矩形上，调整大小和位置，按【Alt+Ctrl+G】组合键创建剪贴蒙版。

STEP 22 选择"矩形工具" □ ，设置填充颜色为"白色"，在图像底部绘制大小为"750像素×160像素"的矩形，如图8-27所示。

STEP 23 双击矩形所在图层右侧的空白区域，打开"图层样式"对话框，单击选中"投影"复选框，设置颜色为"#000000"、不透明度为"50%"、角度为"120度"、距离为"3像素"、扩展为"0%"、大小为"35像素"，单击 确定 按钮，如图8-28所示。

图8-27 添加素材并绘制矩形

图8-28 设置投影参数

STEP 24　打开"标签栏图标.png"素材文件，将图标素材拖曳到矩形上，调整大小和位置，如图8-29所示。

STEP 25　选择"横排文字工具" T ，输入"首页""发现""AR体验馆""购物车""我的"文字，设置"首页"文字的文本颜色为"#18900c"，设置其他文字的文本颜色为"#8d8d8d"，调整文字的大小和位置，如图8-30所示。

STEP 26　按【Ctrl+;】组合键隐藏参考线，完成后按【Ctrl+S】组合键保存图像文件，完成首页界面的制作，效果如图8-31所示。

图8-29　添加素材

图8-30　输入文字

图8-31　隐藏参考线

2. 制作发现界面

STEP 01　新建大小为"750像素×1624像素"、分辨率为"72像素/英寸"、颜色模式为"RGB颜色"、名称为"'艺术家居'App发现界面"的文件，依次添加参考线。

STEP 02　选择"矩形工具" □，设置填充颜色为"#f1f1f1"，在上方绘制大小为750像素×196像素的矩形。

STEP 03　再次选择"矩形工具" □，设置填充颜色为"#f1f1f1"，在矩形下方再绘制3个大小为700像素×340像素的矩形。

STEP 04　打开"发现页1.jpg~发现页3.jpg"素材文件，将素材图片拖曳到新绘制的矩形上，调整大小和位置，按【Alt+Ctrl+G】组合键创建剪贴蒙版，如图8-32所示。

STEP 05　选择"横排文字工具" T ，输入图8-33所示的文字，在工具属性栏中设置字体为"思源黑体 CN"，设置"灵感""艺术家居 | "的文本颜色为"#18900c"，设置"发现""复杂与现

代简约的融合""打造简约后现代效果"的文本颜色为"#484b4b",设置其他文字的文本颜色为"#948f8f",然后调整文字的大小和位置。

STEP 06 打开"艺术家居"App首页界面.psd"图像文件,将底部的导航栏拖曳到发现界面中,调整位置,并将"发现"文字的文本颜色修改为"#18900c",将"首页"文字的文本颜色修改为"#8d8d8d"。

STEP 07 按【Ctrl+;】组合键隐藏参考线,再按【Ctrl+S】组合键保存图像文件,完成发现界面的制作,完成后的效果如图8-34所示。

图8-32　绘制矩形

图8-33　输入文字

图8-34　添加导航栏

3. 制作AR体验馆界面

STEP 01 新建大小为"750像素×1624像素"、分辨率为"72像素/英寸"、颜色模式为"RGB颜色"、名称为"'艺术家居'App AR体验馆界面"的文件,依次添加参考线。

STEP 02 打开"AR体验馆界面背景.jpg"素材文件,将素材拖曳到新建的文件中,调整大小和位置,如图8-35所示。

STEP 03 选择"横排文字工具" T.,设置字体为"思源黑体 CN"、文本颜色为"白色",输入"AR体验馆"文字,调整文字的大小和位置。

STEP 04 选择"椭圆工具" ◯.,设置填充颜色为"白色",在底部标签栏的中间部分绘制"60像素×60像素"的圆。

STEP 05 选择"椭圆工具" ◯.,取消填充,设置描边颜色为"白色"、描边大小为"2点",绘制3个"80像素×80像素"的圆,如图8-36所示。

STEP 06 选择"自定形状工具" ，设置填充颜色为"白色"，在左侧圆中绘制"爱心"形状的图形，在右侧圆中绘制"删除"形状。

STEP 07 按【Ctrl+;】组合键隐藏参考线，再按【Ctrl+S】组合键保存图像文件，完成AR体验馆的制作，完成后的效果如图8-37所示。

图8-35　添加素材

图8-36　绘制圆

图8-37　绘制形状

4. 制作购买界面

STEP 01 新建大小为"750像素×1624像素"，分辨率为"72像素/英寸"，颜色模式为"RGB颜色"，名称为"'艺术家居'App购买界面"的文件，并添加参考线。

STEP 02 选择"矩形工具" ，设置填充颜色为"#f1f1f1"，在上方绘制大小为"750像素×196像素"的矩形。

STEP 03 选择"矩形工具" ，在状态栏下方绘制3个大小为"160像素×150像素"的矩形，然后在下方绘制大小为"750像素×25像素"的矩形，并设置填充颜色为"#f7f6f6"。

STEP 04 打开"购买图1.jpg~购买图3.jpg"素材文件，将素材图片拖曳到新绘制的左侧矩形上，调整大小和位置，按【Alt+Ctrl+G】组合键创建剪贴蒙版，如图8-38所示。

STEP 05 选择"矩形工具" ，在工具属性栏中取消填充，设置描边颜色为"#e5e5e5"、描边宽度为"2像素"，在矩形右侧空白区域绘制大小为"45像素×45像素"的矩形，然后选择绘制的矩形，按住【Alt】键不放并向下拖动鼠标以复制矩形。

STEP 06 选择"矩形工具" ，在下方绘制大小为"172像素×96像素"的矩形，并设置填充颜色为"#fb6b64"。选择"直线工具" ，在矩形的上、下方绘制颜色为"#e5e5e5"的直线，效果如图8-39所示。

STEP **07** 选择"横排文字工具" T ，输入图8-40所示的文字，在工具属性栏中设置字体为"思源黑体 CN"，调整文字的位置、大小和颜色。

STEP **08** 打开"艺术家居"App首页界面.psd"图像文件，将底部的导航栏拖曳到购买界面中，调整位置，并将"购物车"文字的文本颜色修改为"#18900c"，将"首页"文字的文本颜色修改为"#8d8d8d"。

STEP **09** 按【Ctrl+;】组合键隐藏参考线，再按【Ctrl+S】组合键保存图像文件，完成购买界面的制作，效果如图8-41所示。

图8-38　绘制矩形并添加素材　　图8-39　绘制矩形框　　　　图8-40　输入文字　　图8-41　查看完成后的效果

5. 制作登录界面

STEP **01** 新建大小为"750像素×1624像素"、分辨率为"72像素/英寸"、颜色模式为"RGB颜色"、名称为"'艺术家居'App登录界面"的文件，并添加参考线。

STEP **02** 打开"登录页界面素材.jpg"素材文件，将背景图片素材拖曳到新建的文件中，并调整大小和位置，如图8-42所示。

STEP **03** 新建图层，设置前景色为"#f5f5f7"，填充前景色，设置图层不透明度为"40%"。

STEP **04** 选择新建的图层，单击"添加图层蒙版"按钮 ，将前景色设置为"黑色"，然后使用"画笔工具" 在图像的顶部和底部涂抹，使其形成叠加效果。

STEP **05** 选择"横排文字工具" T ，输入图8-43所示的文字，在工具属性栏中设置字体为"思源黑体 CN"，然后调整文字的大小、位置和颜色。

STEP **06** 选择"直线工具" ，在文字下方绘制颜色为"#626262"的直线。选择"矩形工具" ，在工具属性栏中设置填充颜色为"#18900c"，在"登录"文字下方绘制大小为"560像素×80像素"的矩形，如图8-44所示。

STEP **07** 打开"登录页界面图标.png"素材文件，将图标素材拖曳到文字下方，并调整大小和位置。完成后按【Ctrl+S】组合键保存图像文件，完成登录界面的制作，完成后的效果如图8-45所示。

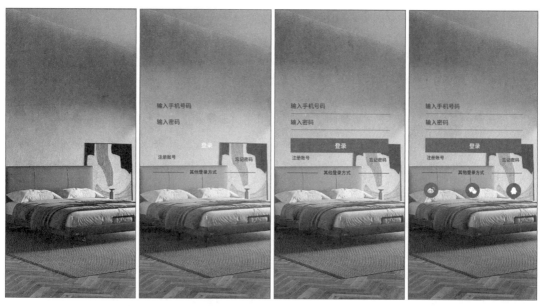

| 图8-42 添加素材 | 图8-43 输入文字 | 图8-44 绘制矩形 | 图8-45 添加图标素材 |

8.3
网站界面设计——"青山新能源"企业官网界面

8.3.1 案例背景

"青山新能源"是一家专注风力、电力研发的企业。近年来,青山新能源积极发展陆上风电、海上风电、光伏发电等业务,使整个企业基本形成了风电、太阳能、储能、战略投资等相互支撑、协同发展的业务格局。近期,青山新能源新开发的海上风电项目取得了一定的成绩,该企业准备制作企业官网界面,以方便更多客户了解企业,达到宣传企业的目的。

设计素养

新能源多指太阳能、地热能、风能、海洋能、生物质能和核聚变能等,属于可再生资源。在设计新能源有关界面时,设计人员可以对新能源优点、经典案例、企业优势、安全问题、业务问题等进行展现,方便更多客户了解企业及新能源内容。

8.3.2 案例要求

为更好地完成"青山新能源"企业官网界面的设计,设计时需要注意以下要求。

（1）界面规划。观察提供的企业素材，发现整个素材主要是对新能源的使用场景进行展现。设计中需要体现这些场景，弘扬企业文化，体现热门业务。

（2）界面组成与布局。为了展现企业形象、体现企业热门业务，要求将"青山新能源"企业官网界面分为首页和内页两个部分。首页主要用于展示企业形象，要求在内容上要体现企业的优势，如业务范围、规模、资产等，在效果上需要具备美观性。内页要求展示业务介绍内容，设计时可先通过Banner的形式展示内页主题，然后通过列表形式展现类目，并采用图文结合的方式体现企业在该类目的优秀案例，以此提升客户对企业的好感度，提升企业的品牌形象。图8-46所示为首页界面和内页界面的组成与布局。

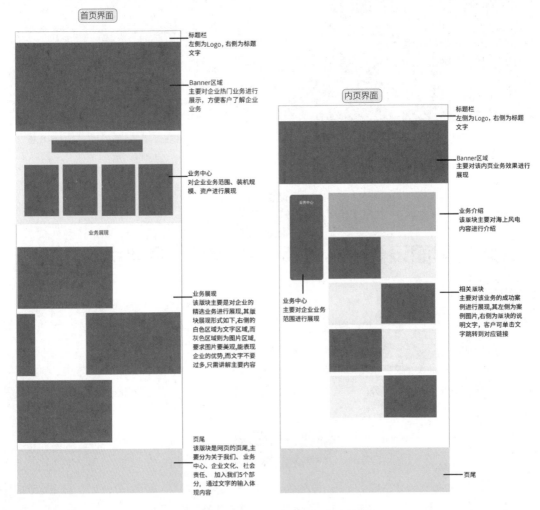

图8-46　首页界面和内页界面的组成与布局

（3）选择色彩和风格。配色决定了界面适合的风格，"青山新能源"网页主要用于展示企业业务，提升企业形象，因此在颜色选择上应选择较为沉稳的蓝色为主色，搭配灰色作为辅助色，搭配绿色、橙色进行点缀，划分网页层次，提升网页美观度。图8-47所示为色彩搭配方案。

图8-47　色彩搭配方案

（4）字体规范。"青山新能源"企业官网界面面向大众，界面中的文字能否便于识别是需要重点考虑的问题，因此可选择"思源黑体"为主要字体。

（5）界面规格。首页的规格为1920像素×5200像素、分辨率为72像素/英寸。内页的规格为1920像素×4300像素、分辨率为72像素/英寸。

高清彩图

完成后的首页效果如图8-48所示，内页效果如图8-49所示。

素材位置：素材\第8章\"青山新能源"企业官网界面素材\

效果位置：效果\第8章\"青山新能源"企业官网首页界面.psd、"青山新能源"企业官网内页界面.psd

图8-48　首页效果

图 8-49　内页效果

8.3.3　制作思路

本案例的制作主要分为主页和内页两个部分，具体制作思路如下。

1. 制作主页

STEP 01 新建大小为"1920像素×5200像素"、分辨率为"72像素/英寸"、颜色模式为"RGB颜色"、名称为"'青山新能源'企业官网首页界面"的文件。

STEP 02 选择"矩形工具" ▢，在工具属性栏中设置填充颜色为"#3e3e3e"，在图像顶部绘制大小为"1920像素×70像素"的矩形，然后在左侧绘制大小为"370像素×150像素"的矩形，并设置填充颜色为"白色"，如图8-50所示。

视频教学：
"青山新能源"
企业官网界面

图 8-50　绘制矩形

STEP 03 双击左侧的矩形图层，打开"图层样式"对话框，单击选中"投影"复选框，设置投影颜色、不透明度、角度、距离、扩展、大小分别为"#928e8e""64%""120度""4像素""0%""21像素"，单击确定按钮，如图8-51所示。

STEP 04 选择"横排文字工具" T，在工具属性栏中设置字体为"方正品尚粗黑简体"、文本颜色为"#4b7aa6"，在矩形上方输入图8-52所示的文字，然后调整文字的大小和位置。

STEP 05 选择"横排文字工具" T，在工具属性栏中设置字体为"思源黑体 CN"，在矩形上方输入图8-53所示的文字，然后调整文字的大小、位置和颜色。

图8-51　设置投影样式

图8-52　输入标题文字

图8-53　输入文字

STEP 06 选择"矩形工具"，在工具属性栏中设置填充颜色为"黑色"，绘制大小为"1920像素×1000像素"的矩形。

STEP 07 打开"网页界面图1.png"素材文件，将素材图片拖曳到绘制的矩形中，调整大小和位置，按【Alt+Ctrl+G】组合键创建剪贴蒙版。

STEP 08 选择"横排文字工具"，在图片中输入图8-54所示的文字，设置字体为"方正品尚粗黑简体"、文本颜色为"白色"，调整文字的大小和位置。再设置"驾驭浩荡长风"图层的不透明度为"80%"，设置"CONTROL THE MIGHTY WIND"图层的不透明度为"50%"。

STEP 09 选择"直线工具"，在图像底部左侧绘制颜色为"白色"、大小为"480像素×3像素"的直线，然后在右侧绘制一条竖线，选择绘制的直线和竖线，向右拖动复制3条线段，然后删除最右侧的竖线，并将颜色修改为"2f6fb7"。

STEP 10 选择"横排文字工具"，在工具属性栏中设置字体为"思源黑体 CN"，在直线下方输入文字，然后调整文字的大小、位置和颜色，如图8-55所示。

图8-54　添加素材并输入文字

图8-55　绘制直线并输入文字

STEP 11 选择"矩形工具"，在工具属性栏中设置填充颜色为"#eff7fd"，绘制大小为"1920像素×1000像素"的矩形。然后在矩形上方再绘制圆角半径为"30像素"、大小为"278像素×63像素"的圆角矩形，并设置填充颜色为"#0867ae"。

STEP 12 打开"网页图标1.png"素材文件，将图标素材依次拖曳到圆角矩形下方。

STEP 13 新建图层，选择"钢笔工具" ✐，在圆角矩形周围绘制图8-56所示的形状，并填充"#e2f1fb"颜色。

STEP 14 选择"横排文字工具" T ，在工具属性栏中设置字体为"思源黑体 CN"，在直线下方输入图8-57所示的文字，然后调整文字的大小、位置和颜色。

图8-56 绘制形状

图8-57 输入文字

STEP 15 选择"矩形工具" □ ，绘制4个填充颜色为"#0867ae"、圆角半径为"30像素"、大小为"360像素×470像素"的圆角矩形。

STEP 16 打开"网页界面图2.jpg~网页界面图5.jpg"素材文件，将素材图片分别拖曳到绘制的矩形图层上方，调整大小和位置，按【Alt+Ctrl+G】组合键创建剪贴蒙版，如图8-58所示。

STEP 17 选择"矩形工具" □ ，在矩形上方分别绘制填充颜色为"#0867ae"、大小为"380像素×100像素"的矩形，并创建剪贴蒙版。

STEP 18 选择"横排文字工具" T ，在工具属性栏中设置字体为"思源黑体 CN"，在矩形上方输入图8-59所示的文字，然后调整文字的大小、位置和颜色。

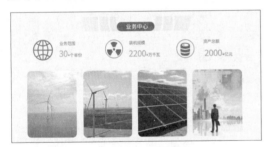

图8-58 绘制矩形并添加素材

图8-59 绘制矩形并输入文字

STEP 19 选择"矩形工具" □ ，设置填充颜色为"#0867ae"，绘制大小分别为"1300像素×700像素""210像素×700""1100像素×700像素""1300像素×700像素"的矩形。

STEP 20 打开"网页界面图6.jpg~网页界面图8.jpg"素材文件，将素材图片分别拖曳到绘制的矩形图层上方，调整大小和位置，按【Alt+Ctrl+G】组合键创建剪贴蒙版，如图8-60所示。

STEP 21 选择"横排文字工具" T ，输入"QING SHAN"文字，在工具属性栏中设置字体为"Impact"，调整文字的大小和位置，设置文本颜色为"白色"，然后在"图层"面板中设置图层的填充为"30%"，再将图片区域外文字的文本颜色修改为"#0867ae"。

STEP 22 选择"横排文字工具" T ，输入图8-61所示的文字，设置字体为"思源黑体 CN"，调整文字的大小、位置和颜色。

STEP 23 选择"矩形工具" □ ，在文字下方绘制大小为"1920像素×500像素"的矩形，设置填充颜色为"#e5e5e5"。

STEP 24 打开"网页图标2.png"素材文件，将图标素材拖曳到矩形右侧。

STEP 25 选择"横排文字工具" T ，输入文字，在工具属性栏中设置字体为"思源黑体 CN"、文本颜色为"#0d0000"，然后调整文字的大小和位置，并设置最上方一行的文字加粗显示。选择"直线工具" ✐ ，绘制颜色为"#a0a0a0"的竖线，如图8-62所示。

图 8-60　绘制矩形 　　　　　　　　　　图 8-61　添加素材并输入文字

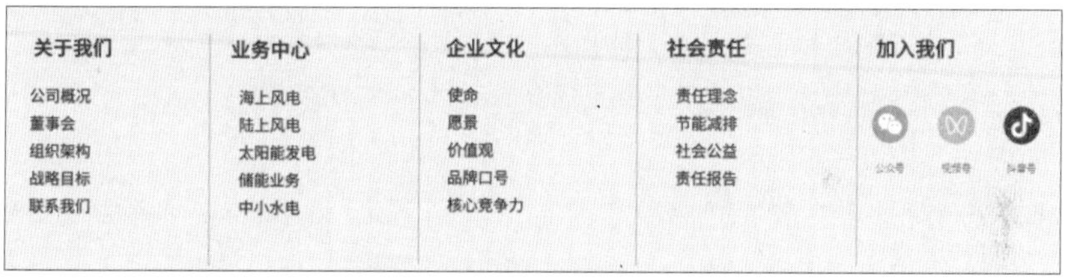

图 8-62　绘制矩形并输入文字

STEP 26 完成后按【Ctrl+S】组合键保存图像文件，完成首页界面的制作。

2.制作内页

STEP 01 新建大小为"1920像素×4300像素"、分辨率为"72像素/英寸"、颜色模式为"RGB颜色"、名称为"'青山新能源'企业官网内页界面"的文件。

STEP 02 打开"'青山新能源'企业官网首页界面.psd"图像文件，将其中的导航部分拖曳到内页最上方，并调整大小和位置，更改"首页"文本颜色为"#3e3e3e"，更改"业务中心"文本颜色为"#4b7aa6"。

STEP 03 选择"矩形工具" ▭ ，在工具属性栏中设置填充颜色为"#3e3e3e"，在文字下方绘制大小为"1920像素×700像素"的矩形。

STEP 04 打开"内页图1.jpg"素材文件，将素材图片拖曳到绘制的矩形中，调整大小和位置，按【Alt+Ctrl+G】组合键创建剪贴蒙版，如图8-63所示。

STEP 05 选择"矩形工具" ▭ ，设置填充颜色为"#eff7fd"、圆角半径为"30像素"，绘制大小为"380像素×950像素"的圆角矩形。

STEP 06 使用相同的方法，在圆角矩形的中间区域绘制填充颜色为"#a3d4f9"、大小为"540像素×150像素"的矩形，并创建剪贴蒙版。修改填充颜色为"#0867ae"、圆角半径为"28像素"，在圆角矩形上方绘制"290像素×60像素"的圆角矩形，如图8-64所示。

图8-63 绘制矩形并添加素材

图8-64 绘制列表矩形

STEP 07 选择"矩形工具"□，在工具属性栏中设置填充颜色为"#eff7fd"，在圆角矩形右下方绘制大小为"1210像素×470像素"的矩形。

STEP 08 打开"内页图2.jpg"素材文件，将素材图片拖曳到绘制的矩形中，调整大小和位置，按【Alt+Ctrl+G】组合键创建剪贴蒙版。

STEP 09 选择"横排文字工具"T，输入文字，在工具属性栏中设置字体为"思源黑体 CN"，调整文字的颜色、位置和大小。

STEP 10 选择"三角形工具"△，在"海上风电"文字右侧绘制填充颜色为"#0867ae"的三角形。

STEP 11 选择"直线工具"，在"当前位置:首页>业务中心>海上风电"文字下方绘制颜色为"#a9a9ab"的直线，如图8-65所示。

STEP 12 选择右侧业务介绍的图片和文字内容，按住【Alt】键不放向下拖动复制图像，然后修改文字内容，并将图片替换为"内页图3.jpg、内页图4.jpg、内页图5.jpg"素材，适当调整素材和文字内容，如图8-66所示。

STEP 13 打开"内页图5.jpg"素材文件，将素材图片拖曳到"图层"面板底部，调整大小和位置，并设置图层不透明度为"30%"。

STEP 14 设置前景色为"黑色"，单击"添加图层蒙版"按钮□，选择"画笔工具"，在顶部和底部涂抹，使其与背景更加融合，如图8-67所示。

STEP 15 选择"矩形工具"□，绘制6个大小为"100像素×40像素"的矩形，取消前面4个矩形的填充效果，并设置描边颜色为"#383a3b"、描边大小为"1点"，然后设置第5个矩形的填充颜色为"白色"、描边颜色为"#383a3b"、描边大小为"1点"；设置最后一个矩形的填充颜色为"#0867ae"，取消描边，完成矩形的绘制。

STEP 16 选择"横排文字工具"T，输入文字，在工具属性栏中设置字体为"思源黑体 CN"，调整文字的颜色、位置和大小，如图8-68所示。

STEP 17 打开"'青山新能源'企业官网首页界面.psd"图像文件，将其中的页尾拖曳到图像最下方，并调整大小和位置。再按【Ctrl+S】组合键保存图像文件，完成内页界面的制作。

图 8-65　绘制矩形并添加素材

图 8-67　添加素材并添加图层蒙版

图 8-66　绘制其他业务介绍图像

图 8-68　绘制矩形并输入文字

8.4
软件界面设计——数据分析软件界面

8.4.1　案例背景

　　某互联网公司为了更好地统计与分析公司销售数据，准备设计一款用于数据分析的软件。为了使软件中的分析类目、数据分析方式等展现得更加直观，设计人员需要对该软件的界面进行设计。

8.4.2 案例要求

为更好地完成数据分析软件界面的设计，设计时需要遵循以下要求。

（1）界面规划。数据分析软件的内容要直观，设计人员可通过图表的方式对重要数据进行展现，使浏览者可根据数据分析软件的内容来快速获取信息。整个界面可分为首页和内页两个部分，首页主要用于展示数据分析平台类目，内页主要用于展示商品信息。要求软件界面风格以简洁为主，直观的数据展示效果更加便于识别。

（2）界面组成与布局。首页要求采用卡片型的布局方式，最上方为标题栏，中间为信息展示区，左侧为平台列表；内页可分为商品状态、售卖周期占比、销售物流时间、财务收支、广告收支、订单状态几个版块，设计时可通过图表的方式展示商品信息。图8-69所示为其首页界面和内页界面组成与布局。

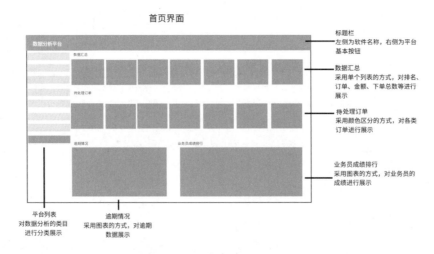

图8-69　首页界面和内页界面的组成与布局

（3）选择色彩和风格。配色决定了软件界面适合的风格，本界面定位为数据分析，图表较多，色彩较丰富。为了便于区分，这里可选择深蓝色为主色调，搭配灰色、紫色、黑色等作为辅助色，以粉色、红色、紫色、黄色、绿色等进行点缀，划分界面层次。图8-70所示为色彩搭配方案。

（4）字体规范。软件界面面向的受众为广大用户，这里为了便于用户识别，选择"思源黑体"为软件界面主要字体。

（5）设计规格。设计规格为1920像素×1080像素、分辨率为72像素/英寸。

完成后的首页效果如图8-71所示，内页效果如图8-72所示。

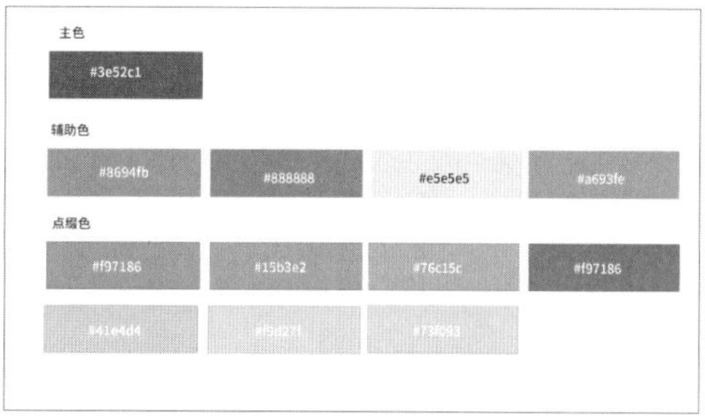

素材位置：素材\第8章\数据分析软件界面素材\

效果位置：效果\第8章\数据分析软件首页界面.psd、数据分析软件内页界面.psd

图 8-70　色彩搭配方案

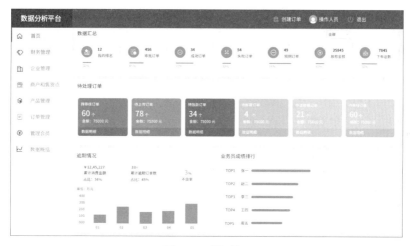

图 8-71　首页效果

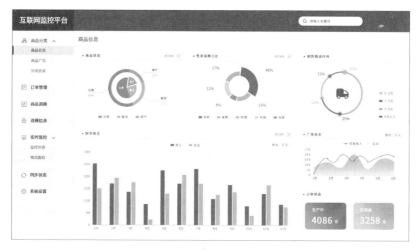

图 8-72　内页效果

8.4.3　制作思路

本案例的制作主要分为两个部分，具体制作思路如下。

1. 制作软件首页界面

STEP 01 新建大小为"1920像素×1080像素"、分辨率为"72像素/英寸"、颜色模式为"RGB颜色"、名称为"数据分析软件首页界面"的文件。

STEP 02 将前景色设置为"#edf5fb"，为"背景"图层填充前景色。

STEP 03 选择"矩形工具"□，设置填充颜色为"#293aa7"，在图像左上角绘制大小为"300像素×100像素"的矩形，然后在矩形右侧绘制填充颜色为"#3e52c1"、大小为"1620像素×100像素"的矩形。

STEP 04 选择"横排文字工具"T.，输入文字，在工具属性栏中设置字体为"思源黑体CN"，调整文字的颜色、位置和大小。打开"数据分析软件首页界面图标汇总.psd"素材文件，将其中的创建、退出、人物图标拖曳到文字左侧，调整大小和位置，完成顶部区域的制作，效果如图8-73所示。

图8-73 完成顶部区域的制作

STEP 05 选择"矩形工具"□，设置填充颜色为"白色"，绘制大小为"300像素×990像素"的矩形。选择"横排文字工具"T.，在工具属性栏中设置字体为"思源黑体CN"，在绘制的矩形中输入文字，调整文字的颜色、位置和大小。

STEP 06 打开"数据分析软件首页界面图标汇总.psd"素材文件，将侧面图标素材拖曳到文字左侧，调整大小和位置。选择"矩形工具"□，设置填充颜色为"#7051ff"，在"首页"文字左侧绘制大小为"4像素×70像素"的矩形。然后使用"直线工具"╱在"首页"文字下方绘制一条直线，如图8-74所示。

STEP 07 选择"矩形工具"□，设置填充颜色为"白色"，在蓝色矩形下方绘制1590像素×225像素的矩形。选择"横排文字工具"T.，在工具属性栏中设置字体为"思源黑体CN"，输入"数据汇总""全部"文字，调整文字的颜色、位置和大小。

STEP 08 选择"矩形工具"□，设置描边颜色为"#d2d2d2"、描边大小为"1像素"、圆角半径为"10像素"，在"全部"文字下方绘制"114像素×40像素"的圆角矩形。

STEP 09 使用"三角形工具"△在"全部"文字右侧绘制填充颜色为"#ebebeb"的三角形。

STEP 10 选择"矩形工具"□，设置描边颜色为"#edf5fb"、描边大小为"2像素"，在文字下方绘制7个"227像素×165像素"的圆角矩形，如图8-75所示。

图8-74 制作左侧内容   图8-75 制作数据汇总栏

STEP 11 选择"椭圆工具"○，设置填充颜色为"#a693fe"，在左侧矩形中绘制"47像素×47像素"的正圆。

STEP 12 在打开的"数据分析软件首页界面图标汇总.psd"素材文件中，将排名图标素材拖曳到椭圆上方，调整大小和位置。

STEP 13 选择"横排文字工具" **T.**，在工具属性栏中设置字体为"思源黑体 CN"，在圆的右侧输入"12""我的排名""30%"文字，调整文字的颜色、位置和大小。

STEP 14 选择"矩形工具" **□**，设置填充颜色为"#edf5fb"、圆角半径为"2.5像素"，在"30%"文字上方绘制"154像素×5像素"的圆角矩形。

STEP 15 选择"矩形工具" **□**，设置填充颜色为"#a693fe"、圆角半径为"2.5像素"，在绘制的圆角矩形上方绘制"42像素×5像素"的圆角矩形，完成第一个版块的制作，效果如图8-76所示。

STEP 16 使用相同的方法为其他板块制作数据内容，效果如图8-77所示。

图8-76 制作排名内容　　　　　　　　图8-77 制作其他数据汇总内容

STEP 17 选择"矩形工具" **□**，设置填充颜色为"白色"，绘制大小为"1590像素×312像素"的矩形。

STEP 18 选择"矩形工具" **□**，设置填充颜色为"#977dec"，圆角半径为"10像素"，绘制"242像素×181像素"的圆角矩形。

STEP 19 选择"矩形工具" **□**，设置填充颜色为"#8469dc"，绘制"310像素×40像素"的矩形，然后创建剪贴蒙版。

STEP 20 选择"横排文字工具" **T.**，在工具属性栏中设置字体为"思源黑体 CN"，在矩形上方输入文字，调整文字的颜色、位置和大小。使用"直线工具" **／** 在"待处理订单"文字下方绘制一条颜色为"#edf5fb"的直线，如图8-78所示。

STEP 21 选择左侧圆角矩形中的所有图层，按住【Alt】键不放向右拖动复制5个圆角矩形，将圆角矩形的底纹颜色分别修改为"#f97186""#a051ea""#41e4d4""#f9d27f""#73f093"，将圆角矩形上方的矩形颜色分别修改为"#e95c72""#9447dc""#39d6c7""#fbc759""#5fdf80"，然后修改矩形中的文字内容，完成后的效果如图8-79所示。

图8-78 制作待　　　　　　　　图8-79 制作待处理订单的其他版块
处理订单版块

STEP 22 选择"矩形工具" **□**，设置填充颜色为"白色"，分别绘制大小为"678像素×400像素""890像素×400像素"的矩形。

STEP 23 选择"直线工具" **／**，设置描边颜色为"#e5f4ff"，在"描边选项"下拉列表中选择第2种样式，然后在矩形中绘制直线，组合成矩形框。

STEP 24 选择"矩形工具" ▢，设置填充颜色为"8694fb"，在矩形框中分别绘制大小为"60像素×40像素""60像素×80像素""60像素×56像素""60像素×60像素""60像素×94像素"的矩形。

STEP 25 选择"横排文字工具" T.，在工具属性栏中设置字体为"思源黑体 CN"，在矩形上方输入文字，调整文字的颜色、位置和大小。

STEP 26 选择"矩形工具" ▢，设置描边颜色为"#edf5fb"、描边大小为"2像素"，然后在文字中绘制3个"227像素×108像素"的矩形，如图8-80所示。

STEP 27 选择"横排文字工具" T.，在工具属性栏中设置字体为"思源黑体 CN"，在右侧矩形上方输入文字，调整文字的颜色、位置和大小。

STEP 28 选择"矩形工具" ▢，设置填充颜色为"#edf4fb"、圆角半径为"6像素"，在"张一""赵二""李三""王四""周五"文字右侧绘制"357像素×12像素"的圆角矩形。

STEP 29 在圆角矩形上方绘制颜色为"#8694fb"的圆角矩形，如图8-81所示。

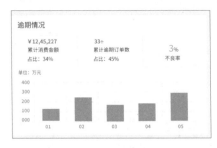

图 8-80　制作逾期情况版块　　　　　　　图 8-81　制作业务员成绩排行榜

STEP 30 按【Ctrl+S】组合键保存图像文件，完成软件首页界面的制作。

2. 制作软件内页界面

STEP 01 新建大小为"1920像素×1080像素"、分辨率为"72像素/英寸"、颜色模式为"RGB颜色"、名称为"数据分析软件内页界面"的文件。

STEP 02 选择"矩形工具" ▢，设置填充颜色为"#293aa7"，在图像左上角绘制大小为"300像素×100像素"的矩形，然后在矩形右侧绘制填充颜色为"#3e52c1"、大小为"1620像素×100像素"的矩形。

STEP 03 选择"矩形工具" ▢，设置填充颜色为"白色"、圆角半径为"60像素"，在矩形右侧绘制大小为"310像素×42像素"的矩形。

STEP 04 选择"横排文字工具" T.，输入文字，在工具属性栏中设置字体为"思源黑体 CN"，调整文字的颜色、位置和大小。打开"数据分析软件内页界面图标汇总.psd"素材文件，将其中的放大镜图标拖曳到文字左侧，调整大小和位置，完成顶部区域的制作。

STEP 05 选择"矩形工具" ▢，设置填充颜色为"白色"，绘制大小为"300像素×980像素"的矩形，选择"横排文字工具" T.，在工具属性栏中设置字体为"思源黑体 CN"，在绘制的矩形中输入文字，调整文字的颜色、位置和大小。

STEP 06 在打开的"数据分析软件内页界面图标汇总.psd"素材文件中，将侧面图标素材拖曳到文字左侧，调整大小和位置。选择"矩形工具" ▢，设置填充颜色为"#7051ff"，在"商品信息"文字左侧绘制大小为"6像素×42像素"的矩形。然后在"商品信息"文字图层下方绘制"290像素×42像素"的矩形，并设置该图层的不透明度为"10%"。

STEP 07 选择"直线工具" ✐，设置描边颜色为"#e5e9fb"，在矩形右侧绘制直线和竖线用于分隔页面，完成后的效果如图8-82所示。

图8-82 绘制左侧版块并绘制分隔线

STEP 08 打开"图例.psd"素材文件，将其中的图例拖曳到分隔框中，调整大小和位置。

STEP 09 选择"横排文字工具" T，在工具属性栏中设置字体为"思源黑体 CN"，在右侧图像中上方输入文字，调整文字的颜色、位置和大小。

STEP 10 选择"矩形工具" □，设置填充颜色为"#8694fb"、圆角半径为"10像素"，在"订单状态"栏下方绘制大小为"200像素×126像素"的圆角矩形。

STEP 11 选择"横排文字工具" T，在工具属性栏中设置字体为"思源黑体 CN"，在矩形上方输入文字，调整文字的颜色、位置和大小。

STEP 12 选择圆角矩形和文字，按住【Alt】键不放并向右拖动鼠标以复制圆角矩形，然后修改文字内容，并将圆角矩形的填充颜色修改为"#5fdf80"，如图8-83所示。

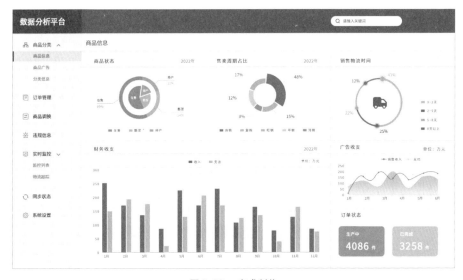

图8-83 完成制作

STEP 13 按【Ctrl+S】组合键保存图像文件，完成软件内页界面的制作。

8.5 课后练习

练习 1 制作科技公司网页界面

某科技公司准备对公司网页进行制作，方便用户浏览网页，了解企业信息。要求网页体现企业文化和产品服务，整个网页要简洁、美观，内容要便于识别，参考效果如图8-84所示。

素材所在位置： 素材\第8章\科技公司网页界面\

效果所在位置： 效果\第8章\科技公司网页界面.psd

图8-84　科技公司网页界面效果

练习 2 制作美食 App 界面

某美食App由于需要上新美食，准备重新设计美食App界面。要求App界面具备首页、个人中心页面、登录页面，各个页面的色调要统一，效果要美观，参考效果如图8-85所示。

素材所在位置： 素材\第8章\美食App界面素材\

效果所在位置： 效果\第8章\美食App界面\